토종다래,

재배에서 발효까지

- 이평재 명인에게 배운다

토종다래, 재배에서 발효까지

– 이평재 명인에게 배운다

이평재 지음

창해

토종다래에 대한 제대로 된 이해는 물론 보급에 큰 도움이 되기를

이평재 명인은 토종다래라는 이름만 들어도 그의 삶과 연결될 정도로 이 분야의 독보적인 장인이자 혁신가입니다. 하지만 그의 인생은 결코 순탄한 길만 걸어온 것이 아니었습니다. IMF 외환위기로 사업이 부도난 이후, 그는 좌절 대신 새로운 삶의 방향을 찾아 산으로 들어갔습니다. 그 선택이 오늘날 대한민국 농업계의 큰 변화를 가져온 시작점이 되었습니다.

《토종다래, 재배에서 발효까지-이평재 명인에게 배운다》는 단순히 한 사람의 농업 이야기를 넘어, 그의 열정과 인내, 그리고 농업에 대한 깊은 애정이 만들어낸 생생한 기록입니다. 책 속에서 우리는 한 개인의 인생 역전 스토리를 들여다볼 수 있을 뿐만 아니라, 토종다래 재배와 가공의 전 과정을 체계적으로 배울 수 있습니다.

삶이 곧 배움이다

이 책은 이평재 명인이 농업에 뛰어든 계기를 진솔하게 풀어냅니다. 도시의 사업가에서 산골 농부로 변신한 그의 여정은 단순히 직업을 바꾸는 것이 아니라, 완전히 새로운 삶의 방식을 받아들인 이야기입니다. 그는 백운산에서 토종다래의 가능성을 발견하고, 그 열매 하나하나에 자신의 노력을 심었습니다. 그 과정은 결코 쉽지 않았지만, 그는 결코 포기하지 않았습니다. 연구와 실험을 반복하며 마침내 우리나라를 대표하는 새로운 품종을 만들어냈습니다.

책 속에는 "삶은 늘 배움의 연속"이라는 그의 철학이 녹아 있습니다. 토종다래에 대해 한 글자도 모르던 시절부터 그가 전문가로 거듭나기까지, 공부하고 도전하며 쌓은 지식과 경험이 독자들에게 고스란히 전달됩니다. 농업기술 명인이라는 타이틀은 단순히 결과가 아니라 그가 흘린 땀과 눈물의 총합임을 느낄 수 있습니다.

농업을 넘어선 삶의 지혜

이 책이 특별한 이유는 단순히 농업 기술서로 끝나지 않는다는 점입니다. 토양 관리, 덕 설치, 물 관리, 병충해 방제 등 재배의 기술적인 부분은 물론, 다래를 통해 자연과 함께 살아가는 방법을 알려줍니다. 그는 "농업은 자연과 대화하는 예술"이라고 말합니다. 단순히 땅에 씨를 뿌리고 수확하는 것이 아니라, 자연의 언어를 이해하고 그 리듬에 맞추는 것이 진정한 농업이라고 강조합니다.

또한 이 책은 귀농이나 귀산을 고민하는 이들에게도 큰 용기를 줍니다. 도시에서 벗어나 자연 속에서 새로운 길을 찾고자 하는 사람들에게 이평재 명인의 이야기는 한 줄기 빛이 될 것입니다. 실패를 두려워하지 않고, 작은 성공을 쌓아 올린 그의 삶은 '할 수 있다'는 믿음을 심어줍니다.

토종다래의 미래를 여는 열쇠

그가 개발한 리치모닝, 리치캔들, 리치선셋이라는 세 가지 품종은 단순히 한 농가의 성공을 넘어서, 대한민국 농업의 미래를 밝히는 중요한 성과입니다. 이 책은 그 품종들이 어떻게 태어났는지, 어떤 과정을 거쳐 전통과 현대를 잇는 새로운 길을 열었는지를 보여줍니다.

토종다래는 단순한 과일이 아닙니다. 오랜 시간 우리 산야에서 자생하며 자연의 일부로 살아온 과일입니다. 이평재 명인은 그 다래를 현대적인 방식으로 재해석하고, 세계에 알릴 가능성을 열어두었습니다. "뉴질랜드가 키위를 세계적인 과일로 만들었듯, 우리도 토종다래로 새로운 길을 열 수 있다"는 그의 비전은 결코 허황된 꿈이 아닙니다.

이 책을 통해 독자들은 단순히 다래를 재배하는 기술만 배우는 것이 아니라, 우리 농업이 나아가야 할 방향에 대해서도 생각해보는 계기가 될 것입니다. 나아가, 우리 고유의 자원을 소중히 여기는 마음과 그것을 세계로 알리고자 하는 책임감을 함께 배울 수 있습니다.

따뜻한 삶의 동반자

마지막으로 이 책은 단순히 농업 기술서가 아니라, 삶의 태도와 철학을 나누는 따뜻한 동반자와 같습니다. 때로는 도전적인 삶이 두렵고, 변화가 어려워 보일 때 이 책을 읽어보십시오. 이평재 명인의 이야기가 그저 책 속의 이야기가 아니라, 우리 삶에도 적용할 수 있는 실천적 교훈으로 다가올 것입니다.

그의 이야기를 통해 독자들은 자신의 삶에 대해 다시 한 번 깊이 생각하게 될 것입니다. 실패와 고난 속에서도 다시 일어설 수 있는 용기, 자연과 더불어 사는 삶의 아름다움, 그리고 작은 것에서 시작하여 큰 변화를 만들어내는 힘이 이 책 곳곳에 녹아 있습니다.

《토종다래, 재배에서 발효까지-이평재 명인에게 배운다》를 통해 우리는 단순히 다래를 넘어, 삶을 가꾸는 방법을 배울 수 있습니다. 이 책이 여러분의 가슴속에 작은 씨앗을 심어주길 진심으로 바랍니다.

2024년 12월 30일

김명필(서울대학교 농업생명과학대학 남부학술림장)

다래 산업 성공 사례가
한국 농업인들에게 새로운 길을 제시하고,
더 많은 농민들에게 희망이 되기를 바란다

거의 20년 전, 나는 완도에서 다래 연구를 하고 있었다. 어느 날, 광양에서 한 신사분이 다래 재배를 해보고 싶다며 자문을 구하러 찾아왔다. 솔직히 말하면 첫인상만으로는 이분이 농사를 지을 것 같다는 생각이 들지 않았다. 깔끔한 외모와 단정한 말투, 그리고 입고 오신 복장까지 어느 것 하나도 전형적인 농부의 모습과는 거리가 멀어 보였다.

이 책의 저자인 이평재 어르신은 당시만 해도 다래의 '다'자도 모르는 분이었다. 그런데 얼마 전, 갑자기 전화를 걸어와 토종다래 관련 책을 집필했다며 추천사를 부탁하셨다. 나는 순간 놀라지 않을 수 없었다. 하지만 그간 이 어르신과 교류하며 지켜본 그의 변화와 성장 과정을 떠올려 보니, 그 요청이 전혀 어색하지 않다는 것을 깨달았다.

이평재 대표님은 광양 백운산 자락의 비탈진 다래 과수원에서 시작하여 발효 가공 시설을 구축하고, 나아가 농촌 숙박 사업까지 확장하며 하나의 완성된 농업 모델을 만들어냈다. 그 과정에서 나는 여러 차례 농장을 방문하며 그의 열정과 노력을 직접 목격했다. 처음에는 단순한 호기심에서 시작한 일이었지만, 그는 끊임없는 연구와 실험을 통해 토종다래 산업의 선구자로 자리 잡았다.

전국의 다래 연구 전문가들과 농민들을 직접 찾아다니며 벤치마킹하는 데 망설임이 없었고, 자신보다 훨씬 어린 나에게도 거리낌 없이 배우려는 자세를 보였다. 그 누구보다도 성실하게 데이터를 축적하고 실험을 반복하며, 마침내 자신만의 농법을 정립하고, 고유한 품종을 개발하며, 발효식품 산업까지 창출해냈다.

현재 인터넷 검색창에 '부저농원'을 입력하면 그가 구축한 사업 모델이 한눈에 보인다. 단순한 다래 과수원이 아니라 체험형 농장과 발효 가공 사업이 어우러진 창의적인 농업 경영의 성공 사례가 되어 있다.

이 책은 그의 경험과 노하우를 바탕으로 다래 산업에 관심 있는 이들에게 실질적인 방향을 제시하는 귀중한 자료다. 특히 그는 넝쿨성 야생 식물에 불과했던 다래를 단순한 과일 생산에서 벗어나, 고부가가치 식품산업의 핵심 품목으로 탈바꿈시켰다.

농업이 위기를 맞이하고 있는 지금, 그는 남다른 시각과 창의적인 접근 방식으로 전문 생산과 가공 기술을 결합해 지속 가능한 농업 모델을 구축했다. '부저농원'의 다래 산업 성공 사례가 한국 농업인들에게 새로운 길을 제시하고, 더 많은 농민들에게 희망이 되기를 바란다.

이평재 대표님의 앞날에 건강과 행운이 함께하기를 기원하며, 이 책이 귀농·귀산을 꿈꾸는 이들에게 훌륭한 길잡이가 되기를 기대한다.

조윤섭(전라남도농업기술원 원예연구소장)

농업과 임업의 미래를 고민하는 모든 이들에게 소중한 교훈을 제공하는 실전 지침서

우리는 21세기 생물자원 전쟁의 시대를 살아가고 있다. 이에 따라, 고유한 산림 자원을 보존하고 이를 활용하여 부가가치를 극대화하는 일은 우리 농업과 임업의 지속 가능성을 결정짓는 중요한 과제가 되었다.

이평재 명인은 산림자원의 가치를 재발견하고, 이를 발전시키는 데 누구보다 앞장서 온 인물이다. 나는 산림청 재직 시절, 식·약용 식물 재배에 대한 자문을 요청받아 그를 처음 만났다. 그때부터 그의 연구에 대한 열정과 개척정신은 단순한 관심을 넘어 실천적인 도전으로 이어졌다. 그는 일반인들이 쉽게 관심을 두지 않는 백운산 주변에서 자생하는 토종다래를 주목하였고, 이를 체계적으로 연구하며 우량 개체를 선발·육성하는 과정을 거쳐 마침내 신품종 출원과 품종보호권 등록이라는 값진 성과를 이루어냈다.

그의 노력은 단순한 품종 개발에 그치지 않는다. 우리나라는

2002년 세계식물신품종보호동맹(UPOV)에 가입하며 육종가의 권리를 법적으로 보호하는 제도적 기반을 마련하였다. 이에 따라, 이평재 명인은 신품종을 개발하고 독점적 지적재산권을 획득한 대한민국 대표 육종가 중 한 사람으로 자리매김했다. 하지만 그의 도전은 여기서 멈추지 않았다.

그는 신품종 개발과 재배를 넘어, 발효·가공·유통까지 확장하며 6차 산업을 성공적으로 구축했다. 뿐만 아니라, 다래 재배 환경을 적극 활용한 체험 프로그램을 도입하여 농업의 부가가치를 극대화하는 데 앞장섰다. 이러한 노력이 결실을 맺으며, 그는 단순한 농업인이 아니라 선도적인 신지식인 농업인으로 자리 잡았다.

이 책은 단순한 기술서가 아니다. 이는 한 사람이 품종 개발부터 유통·가공까지 모든 과정을 개척해온 성공 스토리이며, 농업과 임업의 미래를 고민하는 모든 이들에게 소중한 교훈을 제공하는 실전 지침서다. 다래라는 한 식물에서 출발한 그의 도전과 성취는 농업과 임업의 새로운 가능성을 제시하는 모델이며, 후배 농업인들에게도 귀중한 방향성을 제시한다.

나는 이 책이 단순한 지식 전달을 넘어, 이평재 명인의 성공을 거울삼아 또 다른 수많은 농업 명인들이 탄생하는 계기가 되기를 진심으로 바란다.

이갑연 농학박사

(전 국립순천대학교 교수, 산림청 국립산림품종관리센터 원장)

토종다래,
재배에서 발효까지
- 이평재 명인에게 배운다

농업을 꿈꾸는 사람들에게
작은 참고서가 되기를

나는 산을 좋아한다. 아니, 어쩌면 산이 나를 좋아했던 걸지도 모른다. 어린 시절, 광양의 백운산 기슭에서 자라며 산과 자연을 벗 삼아 지냈던 기억이 지금도 생생하다. 그때의 산은 나에게 커다란 나무 그늘을, 산딸기를, 그리고 쉬어갈 바위를 내어주었다. 삶이 한결 단순하고 따뜻했던 시절이었다. 하지만 세상은 그렇게 간단하지 않더라.

나는 시골에서 태어났지만 부모님의 은혜로 광주로 유학을 가서 서중학교를 졸업하고 서울로 유학을 가서 경동고등학교 동국대학교 경영학과 동대학 경영대학원을 졸업했다. 1972년 고향인 광양에 내려와서 유일연탄공장을 시작으로 대한통운 출장소, 운수업, 창고보관업을 하고 1980년 초순부터 건설업을 시작했고, 사업을 일구며 나름대로 성공적인 삶을 살았다. 광양에서 시작해 전국을 누비며 바쁘게 살았다. 그때의 나는 산을 잊고 살았다. 아니, 산이 나를 기다리고 있었다는 걸 몰랐던 거다.

1997년 IMF 외환위기, 내 인생의 전환점이었다. 그 시절은 많은 이들이 그랬겠지만, 나는 내가 쌓아올린 성채가 그렇게 허무하게 무너질 줄은 몰랐다. 연탄 사업, 운송업, 건설업 등 여러 사업을 벌이며 쌓아온 자부심과 성과가 하루아침에 사라졌다. 무능한 가장, 실패한 사업가로 낙인찍힌 나 자신을 견디는 일이 가장 힘들었다. 삶이 전부 무너졌다는 허무감에 나는 주저앉고 싶었다. 하지만 그럴 수는 없었다. 내가 걸어온 길이 잘못된 선택이었더라도, 남은 삶을 그냥 흘려보낼 수는 없다는 생각이 들었다.

그러던 중 다시 산이 나를 부르기 시작했다. 산은 늘 그 자리에서 나를 기다리고 있었던 것이다. 내 고향 백운산 자락으로 귀산하면서 나는 내 삶의 두 번째 장을 시작했다. 그때는 스스로도 몰랐다. 내가 평생을 걸어온 길이 끝이 아니라, 새로운 길의 시작이었음을.

산에서 농사를 짓겠다고 결심했지만, 처음부터 무엇을 해야 하는 알지는 못했다. 농사일은 내게 생소한 분야였다. 광양시에서 운영하는 친환경 농업대학에 등록해 7년간 배우고, 전국 각지를 돌아다니며 연구했다. 책으로도, 현장에서 만난 사람들로부터도 배웠다. 그리고 무엇보다 산에서 직접 경험하며 배웠다. 그 과정에서 나는 토종다래를 알게 되었고, 그 작은 열매에서 나 자신을 다시 찾을 수 있었다.

토종다래. 이름만 들어도 조금은 생소한 과일이다.(기실 그 이름도 내가 명명한 이름이다. 이 이야기는 책을 전개하면서 풀어내기로 하자.) 하지만 사실 다래는 우리 민족의 오랜 친구다. 고려시대의 시가 속에도 "머루와 다래를 먹고 청산에 살리라"는 구절이 등장하지 않던가. 다래는 그만큼 우리의 산과 자연 속에서 자라왔고, 우리의 삶에 스며들어 있었다. 하지만 어느새 우리 곁에서 사라지고 있었다. 나는 그 사실이 안타까웠다. 그래서 다래를 되살리고, 더 많은 사람들에게 알리고 싶었다. 그것이 내 두 번째 인생의 목표가 되었다.

나는 토종다래를 연구하고, 품종을 개발하며 조금씩 성과를 쌓아갔다. 리치모닝, 리치캔들, 리치선셋이라는 새로운 품종들을 세상에 내놓을 수 있었던 것은 나 혼자만의 힘이 아니었다. 나를 도와준 많은 사람들, 그리고 산의 끊임없는 가르침 덕분이었다. 품종 등록증을 손에 쥐던 날, 나는 내가 걷고 있는 이 길이 잘못되지 않았음을 깨달았다. 이 작은 열매들이 단순히 나의 자부심이 아니라, 한국 농업의 미래를 비추는 빛이 될 수 있다는 가능성을 본 것이다.

나는 농사를 단순히 땅을 일구는 일로 보지 않는다. 농사는 자연과의 대화다. 자연은 늘 그 자리에서 말을 건네지만, 우리가 그것을 듣지 못하거나 무시할 때가 많다. 나는 그 대화를 다시 시작하고 싶었다. 그리고 이제는 많은 후배 농업인들에게도 그 방법을 알려주고 싶다. 귀농과 귀산을 꿈꾸는 사람들이 새로운 도전을 두려워하지 않았으면 좋겠다. 나도 처음엔 아무것도 몰랐다. 하지만 배우고 경험하며 자연에 귀 기울이니 길이 보였다.

지금 돌아보면 인생의 갈림길에서 나락으로 떨어져 밑바닥의 쓴맛을 본 적도 있지만, 산에 들어오길 정말 잘했다고 생각한다. 만약 사업가 생활을 계속했다면, 명인의 길은 꿈도 꿀 수 없었을 것이다. 아마 돈을 좇으며 바쁘기만 한 삶을 살았을 것이다.

지금 나는 매일 농장에서 일하며 건강을 챙기고 보람찬 삶을 살고 있다. 매년 방송 프로그램에서 촬영을 진행했고, 유튜브 영상은 150만 명 이상이 시청했다. 또 매일 전국 각지에서 토종다래 재배에 대해 문의하는 전화가 3~4통씩 온다.

후배 농업인 양성을 위해 여러 기관에서 강의를 하며 선배 농업인으로서 내가 경험한 농사 노하우를 가르치고 있다.

이 책은 내가 걸어온 길을 정리한 기록이다. 단순히 나의 성공 이야기를 들려주고 싶은 것은 아니다. 나는 여전히 배워가고 있는 중이다. 다만 이 책이 농업을 꿈꾸는 사람들에게 작은 참고서가 되고, 나아가 삶의 전환점을 찾고자 하는 사람들에게 용기를 줄 수 있기를 바란다. 실패를 딛고 새로운 길을 찾는 것이 얼마나 값진 일인지, 그 과정이 얼마나 사람을 성장시키는지 나의 경험을 통해 전달하고 싶다.

산에서의 삶은 여전히 나에게 많은 것을 가르친다. 때로는 성공의 기쁨을, 때로는 실패의 아픔을. 하지만 그 모든 것이 나를 더 단단하게 만들어 주었다. 토종다래는 내 삶의 일부이자, 나의 또 다른 도전이다. 이 작은 열매가 세상에 더 알려지고 많은 사람들에게 사랑받을 수 있다면 더 바랄 것이 없다.

이 책이 당신에게 작은 영감이 되기를 바란다. 당신의 삶도 새로운 가능성으로 가득 차 있음을, 그리고 당신이 그 가능성을 발견할 수 있기를 진심으로 응원한다.

마지막으로 그동안 도와주신 고마운 분들 전남농업기술원 조윤섭 박사, 국립산림과학원 이갑연 박사, 김세현 박사, 박영기 박사, 월출산 월남마을 이효복 교수님, 국립산림품종관리센터 김윤형 박사, 강원도농업기술원 엄남용 박사, 원주시농업기술센터 김수재님, 익산 이익환 동생께 고마움을 전하고 싶다. 그분들의 도움과 수고로움이 오늘의 부저농장과 다래명인 이평재를 있게 하였다. 거듭 고마움에 고개 숙여 감사를 드린다.

2025년 3월
저자 이평재

- **1998년** | 귀농.
- **2006년** | 귀산, 부저농원 설립.
- **2009년 02월 28일** | 백운산 토종다래 영농조합법인 설립(대표 이평재) 회원 21명으로 출발.
- **2010년** | 국립산림과학원 특용자원과와 다래시험재배 실시협약함(2010년 4월~2012년 12월 31일) 3년간.
- **2010년** | 농촌진흥청 산야초교육농장 지정.
- **2012년** | 07월 05일 한국다래 연구회 창립(부회장).
- **2015년** | 농업회사법인 부저농원(주) 설립. 농림축산식품부 농촌융복합 산업 사업자 인증 받음.
- **2016년** | 한국임업진흥원 임업멘토.
- **2016년~2018년** | 국립산림과학원 명예연구관.
- **2019년** | 한국임업진흥원 우수강사로 활동하고 있음.
- **2019년** | 산림조합중앙회 진안교육원 전문강사로 활동하고 있음.
- **2020년** | 서울대학교 농업생명과학대학 남부학술림 교육강사 위촉됨.
- **2020년** | 농촌진흥청 대한민국 최고 농업기술 명인이 됨.

차례

제1부

인생 2막 : 산에서 다시 시작하다

제2부

명인 기술 7장 : 토종다래 재배와 발효의 비밀

토종다래,

재배에서 발효까지

- 이평재 명인에게 배운다

제1부

인생 2막 : 산에서 다시 시작하다

1장 새로운 시작

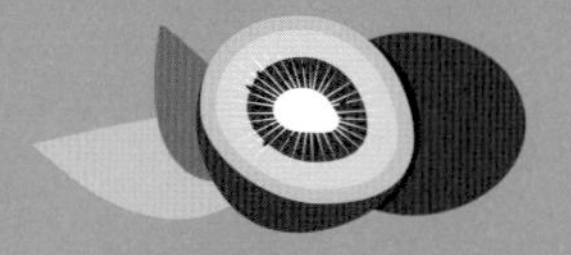

1. 나락에서 산으로
: IMF 위기와 귀농과 귀산을 결심하다

삶은 예측할 수 없는 파도와 같다. 어느 순간 잔잔한 물결 위에서 안온함을 즐기다가도 예고 없이 몰아치는 거센 파도에 휩쓸리게 된다. 내게 그런 순간은 IMF 위기였다. 사업가로서 나름의 성공을 이루며 내달리던 시절, 그 위기는 나를 무너뜨리고 모든 것을 송두리째 앗아갔다. 나는 철저히 무력해진 자신과 맞닥뜨려야 했다.

사람들은 종종 실패를 돌이킬 수 없는 추락이라고 여긴다. 나 역시 그랬다. 한때는 모든 것을 이룬 듯했던 삶이 무너지고 나니, 공허함과 절망이 내 마음을 가득 채웠다. 한동안 나는 그 무너짐 속에서 방향을 잃고 표류했다. 하지만 아이러니하게도, 나는 바로 그 순간에 나를 다시 세울 힘을 발견했다. 그 힘은 내가 전혀 예상하지 못했던 곳, 자연 속에서 찾아왔다.

IMF 위기와 무너진 삶

나는 사업가로서 나름의 성공을 누리며 바쁜 일상을 보냈다. 사업은 확장되었고, 가족과 주변 사람들에게 자랑스러운 존재였다. 하지만 IMF 외환위기는 내 삶을 송두리째 흔들어 놓았다. 은행 보증 채무는 기하급수적으로 불어나고 그동안 믿어 의심치 않았던 보증인들은 줄줄이 부도가 났다.

어느 날 아침, 나는 사무실 책상 위에 쌓인 수십 통의 부도 통보서를 마주하게 되었다. 그때 느꼈던 감정은 단순한 충격이 아니었다. 그것은 내가 세운 모든 것이 순식간에 허물어진다는 현실 앞에서 느끼는 깊은 무력감이었다.

자존감은 땅에 떨어졌고, 하루하루가 무의미하게 흘러갔다. 사업의 실패는 단순히 금전적인 손실만이 아니었다. 그것은 내 존재 가치에 대한 회의로 이어졌다. 나는 무엇을 위해 이렇게 열심히 살아왔는가? 무엇을 이루기 위해 그렇게 앞만 보고 달려왔는가?

산으로의 도피

답을 찾지 못한 나는 결국 도시를 떠나기로 결심했다. 도심의 소음과 혼잡함 속에서 더는 나를 회복할 수 없었다. 그래서 향한 곳이 바로 산이었다. 백운산. 나에게는 어릴 적 여름방학 때마다 놀러 가던 산이고, 동국대학교 다닐 때 대학산악부에서 활동하면서

방학 때면 자주 찾아가던 산이었다. 그곳은 내가 무작정 찾아갔지만, 어쩌면 그 산이 나를 부른 것이었을지도 모른다.

산에 도착했을 때, 나는 그저 조용히 걷고 싶었다. 흙냄새와 나뭇잎 사이로 스며드는 햇빛, 그리고 산새들의 울음소리가 내 마음을 어루만졌다. 도시에서 느낄 수 없었던 평온함이 내 안에 조금씩 자리 잡았다. 처음에는 산이 나를 위로하는 듯했다. 그러나 시간이 지나며 깨달았다. 산은 위로를 넘어 내게 질문을 던지고 있었다. 이제 어떻게 살 것인가?

귀농과 귀산의 결심

산에서 지내며 나는 많은 생각을 했다. 백운산 깊은 곳에서 마주한 자연은 단순한 위로를 넘어 나를 새로운 길로 이끌었다. 농사를 짓는다는 생각은 처음에는 그저 생계를 위한 선택으로 다가왔다. 사업 실패 후 빈털터리가 된 내가 할 수 있는 일이 무엇일까를 고민한 끝에 내린 결론이었다. 그러나 점점 자연과 함께하는 삶에 대한 동경이 생겼다. 흙을 만지고, 작물을 가꾸고, 자연의 리듬에 따라 살아가는 것이 어떨까 하는 생각이 들었다.

귀농이자 귀산인 결심을 하기 전, 나는 스스로에게 수없이 물었다.

'이 선택이 옳은가?'

하지만 도시로 돌아갈 용기도, 남아 있는 선택지도 없었다. 그 시절 나는 스스로에게 계속 질문을 던졌다. '삶의 본질이란 무엇인가?', '지금 내가 해야 할 일은 무엇인가?' 깊은 혼란 속에서 답을 찾으려 몸부림쳤지만 내가 가졌던 모든 지식과 경험은 현실의 무게 앞에서 무력하게 느껴졌다.

결국 나는 다시는 도시의 경쟁과 속도에 휘둘리지 않기로 결심했다. 자연 속에서 내가 다시 설 수 있는 방법을 찾겠다고 다짐했다. 내가 어린 시절 자주 들었던 자연의 속삭임과 평온한 산길의 기억이 내 마음속에 선명하게 그려졌다.

새로운 시작, 첫 삽을 들다

백운산 기슭에 작은 땅을 지인의 도움으로 구입했다. 그곳은 관리되지 않아 황폐한 상태였지만, 나는 그것이 오히려 내 인생과 닮아 있다고 느꼈다. 처음 삽을 들고 땅을 고르던 날, 나는 두려움과 설렘이 교차하는 것을 느꼈다. 농사에 대한 경험도, 지식도 없는 내가 과연 이 일을 해낼 수 있을까?

사람들은 내가 1년도 못 버티고 물러날 것이라 수군거렸다.

처음부터 많은 어려움이 따랐다. 비가 오면 흙은 질척거리고, 해가 뜨거우면 땅은 딱딱하게 굳었다. 씨앗을 뿌렸지만 수확은 기대에 미치지 못했다. 그런 날이면 밤마다 나는 두 손으로 얼굴을 감싸며 실패를 곱씹었다. 하지만 나는 포기하지 않았다. 실패는 나에게 하나의 교훈을 남겼다. 자연은 인간의 의지를 넘어선 힘을 가졌으며 그 힘을 이해하고 존중해야 한다는 것이다.

자연과 함께 다시 걷다

농사를 지으며 깨달은 가장 큰 진리는 자연의 리듬이었다. 땅은 때에 따라 숨을 쉬고 물은 방향을 따라 흘렀다. 나무는 계절에 따라 열매를 맺고 그 과정은 조급함 없이 진행됐다. 도시에서 쫓기듯 살던 내가 자연의 속도에 맞추어 살기 시작했다. 처음에는 불안함이 있었지만 점점 자연의 흐름에 몸과 마음을 맡기게 되었다.

산은 나를 받아주었지만 자연은 나에게 요구했다. 내가 자연을 이해하고 그 언어를 배워야만 비로소 공존할 수 있다는 사실을 깨닫는 데 오랜 시간이 걸리지 않았다.

다래와의 첫 만남

그 무렵 나는 우연히 다래를 발견했다. 산을 걷던 중 문득 보게 된 작은 열매가 내 마음을 사로잡았다. 그것은 어릴 적 추억 속에서 나를 반갑게 불러내는 듯했다. 처음 시작은 어릴 적 광양읍 5일 시장에서 사 먹던 달콤한 야생다래에 대한 추억이었다. 그리고 어릴 적 산야에 널려 있던 다래 덩굴, 그 아래에서 놀던 어린 시절이 떠올랐다. 다래는 나에게 단순한 과일이 아니었다. 그것은 잃어버렸던 나의 본질과 연결된 작은 매개체였다.

자연 속에서 다시 시작하다

나는 사업의 실패 속에서 다시 시작할 기회를 찾았다. 그것은 자연 속에서 가능했다. 귀농과 귀산은 단순히 도시를 떠나는 것이 아니었다. 그것은 내 삶의 방향을 완전히 바꾸는 선택이었다. 실패의 쓰라림을 딛고, 흙냄새와 나뭇잎의 흔들림 속에서 다시 일어설 수 있었다. 백운산의 품은 나를 다시 살게 했다. 다래 덩굴 아래에서 나는 삶의 새로운 열매를 발견했다. 그것은 단순히 농사의 시작이 아니라, 내 삶의 새로운 장이었다.

지금 돌이켜보면, 실패는 끝이 아니라 새로운 길의 시작이었다. 나는 이제 안다. 실패 속에서도 자연은 변함없이 그 자리에 있었고, 나를 받아들일 준비를 하고 있었다.

2. 백운산의 부름
: 자연 속에서 찾은 새로운 삶

백운산은 내게 단순히 산 이상의 의미를 지니고 있었다. 그곳은 내가 다시 삶의 의지를 찾을 수 있을 것이라는 작은 희망을 품게 한 공간이었다. 나는 백운산으로 가야겠다고 결심했다. 그리고 그 결심은 단순히 새로운 곳으로 도피하려는 마음이 아니었다. 그곳에서 나는 새로운 삶을 시작할 수 있다는 희미한 가능성을 느꼈다.

백운산은 해발 1,220미터로 전남에서 제일 높은 산으로 식물군이 남한에서 997종인 한라산 다음으로 많은 967종이나 되는 산이다. 나는 백운산이 내가 다시 태어나기 위한 출발점이 되어 줄 것이라고 믿었다.

백운산의 첫 만남

산에 발을 들인 첫날, 나는 마치 낯선 세계에 들어온 기분이었다. 도심 속에서 살며 늘 시간에 쫓기던 내게 산은 완전히 다른 리듬으로 움직이고 있었다. 바람이 흔드는 나뭇잎 소리, 새들의 지저귐, 그리고 흙냄새는 나를 한순간에 사로잡았다. 그곳은 내가 잃어버렸던 고요와 평화를 다시 만나게 해 주었다.

산길을 걸으며 나는 처음으로 자연의 위대함과 섬세함을 느꼈다. 나무 한 그루, 풀 한 포기에도 생명력이 깃들어 있었다. 나는 자연이 가진 질서와 조화를 마주하며, 그동안 내가 얼마나 인간 중심적인 시각에 갇혀 있었는지 깨달았다. 산은 내게 이런 메시지를 전하는 듯했다.

'너의 삶도 이처럼 단순하고 조화로워야 한다.'

자연 속에서 찾은 평화

백운산은 나에게 평화를 주었다. 처음에는 그저 걷고 앉아서 생각하고 자연의 소리를 듣는 것만으로도 내 마음이 차분해졌다. 모든 것을 잃고 혼란스러웠던 내가 그곳에서 다시 호흡하는 법을 배웠다. 산속에서의 일상은 단순했다. 아침에 일어나면 나무들을 보살피고 점심에는 햇볕 아래에서 풀을 베고 저녁에는 하늘의 별을 보며 하루를 마무리했다.

이 단순한 일상이 내 마음을 정리해 주었다. 백운산은 나에게 물질적인 풍요가 아니라 내면의 풍요를 되찾아 주었다. 자연은 아무런 조건 없이 나를 받아주었고 그 속에서 나는 내 삶의 본질적인 질문에 답을 찾기 시작했다.

백운산과 다래의 만남

백운산을 거닐다가 나는 우연히 토종다래를 발견했다. 작고 소박한 열매였지만, 그 안에는 산의 생명력이 담겨 있었다. 어린 시절 어머니가 주셨던 달콤한 작은 열매가 기억에 떠올랐다. 다래의 맛은 단순히 과일의 맛이 아니었다. 그것은 자연이 내게 건네는 선물처럼 느껴졌다.

나는 다래를 보며 자연 속에서 새로운 삶의 가능성을 떠올렸다. 도시에서의 삶이 모든 것을 잃은 뒤, 나는 자연과 함께 살아가는 방법을 배우고 싶었다. 다래는 그 시작점이 되어 주었다. 나는 그 작은 열매를 통해 자연이 내게 말을 걸고 있다고 느꼈다. “이곳에서 새로운 길을 찾아보라”고.

산이 준 교훈

백운산에서의 시간은 나에게 단순한 휴식 이상의 의미를 주었다. 나는 산이 주는 교훈을 배웠다. 자연은 서두르지 않는다. 그러나 그것은 모든 것을 제때에 이루어 낸다. 나무가 자라고, 꽃이 피고, 열매가 맺히는 과정은 모두 시간이 필요하다. 나는 그동안 너무 빠르게, 너무 많이 이루려고만 했던 나의 삶을 돌아보게 되었다.

산은 나에게 이렇게 말했다.

“너 자신에게 시간을 줘라. 자연의 리듬을 배우고, 그 속에서 너만의 길을 찾아라."

나는 이 메시지를 가슴 깊이 새겼다. 그리고 그 메시지가 나의 새로운 삶의 방향을 결정짓는 데 큰 영향을 주었다.

새로운 삶의 시작

백운산에서의 삶은 내가 이전에 알지 못했던 새로운 가능성을 열어 주었다. 나는 자연이 가르쳐 주는 법칙과 질서를 배우기 시작했다. 다래라는 열매는 단순한 과일이 아니었다. 그것은 내가 새롭게 배워야 할 세계, 그리고 자연과의 조화 속에서 살아가는 방법을 알려주는 스승이었다.

산속에서 나는 그동안의 실패와 좌절을 받아들일 수 있었다. 그것들은 내가 이곳에서 새로운 시작을 할 수 있도록 만든 밑거름이었다. 나는 백운산과의 만남을 통해 나 자신을 다시 정의하게 되었다. 자연은 나를 있는 그대로 받아주었고, 나는 그 속에서 비로소 스스로를 온전히 받아들일 수 있었다.

백운산의 부름

나는 종종 백운산이 나를 불렀다고 느낀다. 그것은 단순한 산이 아니었다. 그것은 나에게 새로운 삶의 가능성을 보여주고 자연과의 관계 속에서 진정한 행복을 찾게 해 준 공간이었다. 백운산은 나를 다시 일어서게 했고 내가 앞으로 걸어가야 할 길을 제시했다.

이제 나는 백운산에서 배운 교훈을 나의 삶에 담아내고 있다. 그것은 단순히 자연을 존중하고 보호하는 것이 아니라, 내 삶 자체가 자연의 일부임을 인정하는 것이다. 백운산은 나에게 새로운 시작을 선물해 주었고 나는 그곳에서 얻은 깨달음을 바탕으로 앞으로도 자연과 함께 걸어갈 것이다.

백운산 정상(위) 백운산 억불봉(아래)

3. 다래와의 첫 만남
: 어릴 적 추억이 만든 운명

운명이 된 다래와의 만남

다래와의 첫 만남은 어릴 적 추억에서 비롯된 것이었다. 어린 시절의 기억은 때때로 우리의 삶에 예상치 못한 영향을 미친다. 내가 다래와 처음 만난 것은 어린 시절 고향 마을의 언덕에서였다. 그때는 다래가 어떤 과일인지, 나중에 내 인생을 어떻게 바꿀지 전혀 몰랐다. 그저 맛있는 열매를 주워 먹었을 뿐이다. 하지만 그 작은 열매가 나중에 내 삶의 큰 부분을 차지하게 될 줄은 꿈에도 생각하지 못했다.

처음 다래를 만났던 어린 시절의 기억은 단순한 추억으로 끝나지 않았다. 그것은 나를 이끌어 귀농과 귀산 농업이라는 새로운 삶의 길로 인도한 운명이었다. 백운산에서 다래와 다시 만났을 때, 나는 그 작은 열매에서 새로운 가능성을 보았다.

다래와 함께한 새로운 삶

처음에는 농업을 새로운 삶의 수단으로 삼겠다는 거창한 생각조차 없었다. 백운산 자락에 작은 땅을 일구고 뭔가를 심으며 시간을 보내는 것이 내게 허락된 유일한 치유의 과정이었다. 삽을 들고 흙을 파고, 씨를 뿌리는 일은 어색하고 낯설었지만 이상하게도 그 과정은 내 마음을 차분하게 만들어주었다. 도시에서는 늘 바쁘게 움직이며 결과만을 좇았지만 산에서는 흙과 씨앗을 통해 무언가를 기다리는 법을 배웠다. 그것은 바로 자연과의 교감, 그리고 어린 시절 다래나무 아래에서 느꼈던 평화로움이었다. 처음으로 다래나무를 심을 때, 나는 그 나무가 잘 자라길 바라며 마치 오랜 친구에게 인사를 건네듯 그 나무를 다독였다. 나무 한 그루 한 그루에게 정성을 기울였고, 그들이 자라나는 모습을 보며 큰 기쁨과 만족을 느꼈다.

다래 재배의 도전과 성취

하지만 다래나무와 함께한 첫해는 결코 쉽지 않았다. 아무것도 모르던 나는 삽을 들고 땅을 고르며 씨앗을 심는 일부터 배워야 했다. 다래를 키우는 일은 쉬운 일이 아니었다. 병충해, 날씨의 변덕, 그리고 토양 문제 등 끊임없는 도전에 직면했다. 어떤 토양이 적합한지, 물은 얼마나 필요하며 병충해를 어떻게 관리해야 하는지를 알아야 했다. 책과 강의, 그리고 현장에서의 경험을 통해 나는 다래에 대해 조금씩 배워갔다. 실패도 많았다. 병충해를 방치해 열매를 잃거나 잘못된 환경 조성으로 작물이 시드는 경우도 있었다.

하지만 나는 포기하지 않았다. 어린 시절 다래나무 아래에서 느꼈던 그 평화로움을 다시 느끼고 싶었고, 그것이 나를 계속 앞으로 나아가게 했다. 나는 실패를 경험할 때마다 무엇이 문제였는지, 어떻게 하면 개선할 수 있는지를 고민했다. 그리고 그 과정에서 많은 것을 배웠다. 시간이 흘러 다래나무들은 결국 튼튼하게 자라났고 열매를 맺기 시작했다. 첫 수확의 순간은 말로 표현할 수 없을 만큼 감격스러웠다.

배우는 과정에서 다시 꿈꿀 수 있는 용기를 얻다

농업에 대해 제대로 알기 위해 나는 배우는 데 집중했다. 광양시에서 운영하는 친환경 농업대학에 등록해 농업의 기본부터 다시 시작했다. 나이 든 학생으로 강의를 듣는 것이 처음에는 조금 어색했지만, 곧 그런 생각은 사라졌다.

한때는 사업가로서 사람들을 이끌며 결정을 내리는 위치에 있었지만, 이제는 다시 학생의 마음으로 돌아갔다. 강의를 듣고 실습을 하며 내가 전혀 몰랐던 새로운 세계를 경험했다. 배우는 과정에서 나는 내가 다시 움직이고 있다는 느낌을 받았다. 내가 무엇을 하고 있는지 모르던 방황의 시간에서 벗어나 한 걸음씩 나아가고 있다는 확신이 생겼다.

친환경 농업대학을 7년간 다니면서 농사 잘 짓는 농사꾼들을 알게 되었고 경남 진주시 경상대학교 스타입업인 교육을 이수하고 전남농업기술원, 국립산림과학원 등을 자주 견학하면서 나의 인생 2막을 열어나갔다. 또한 전국을 돌아다니며 성공한 농업인들의 이야기를 들었고, 그들의 노하우를 배우기 위해 많은 질문을 던졌다. 나는 배운다는 과정에서 다시 꿈꿀 수 있는 용기를 얻었다.

농업은 단순히 땅을 가꾸고 작물을 키우는 일이 아니었다. 그것은 자연과의 대화였고 나 자신과의 싸움이었다. 농업은 내게 끊임없이 묻고 있었다.

"너는 얼마나 기다릴 수 있느냐?"

"너는 얼마나 성실할 수 있느냐?"

"너는 이 실패를 어떻게 받아들일 것인가?"

나는 그런 질문들에 답을 하며 조금씩 더 단단해졌다. 작물을 키우는 과정은 나의 마음을 재건하는 과정과도 같았다. 이때부터 나의 농사는 단순한 업이 아닌, 나의 삶과 철학이 담긴 작업이 되었다.

다래는 나의 삶이고, 철학이며, 미래

농업은 내 삶의 무너진 기반을 다시 쌓아 올리는 과정이었다. 흙을 만지며 땀을 흘리는 시간은 내 마음을 치유해 주었고, 다래를 키우며 얻은 작은 성취들은 내게 자신감을 되찾아 주었다. 농업은 단순히 생계를 위한 수단이 아니었다. 그것은 나 자신을 다시 일으켜

농장에서 바라본 백운산 정상

세우는 과정이었고 삶의 의미를 되찾는 길이었다.

흙냄새를 맡으며 하루를 보내는 일은 이상하게도 내 마음을 차분하게 만들어 주었다. 도시에서 느꼈던 압박감과 실패의 무게가 조금씩 가벼워지는 듯했다. 비록 그 과정이 서툴고 느렸지만 내 손으로 무언가를 만들어 가고 있다는 사실이 내게 작은 희망을 심어주었다.

수년 동안의 노력 끝에 나는 다래 품종을 개발할 수 있었다. '리치모닝', '리치캔들', '리치선셋'이라는 이름을 붙인 품종들은 각기 다른 맛과 특성을 지니고 있었다. 이 품종들은 내가 단순히 농사를 지었다는 결과물 이상이었다. 그것은 내가 삶의 재건을 위해 걸어온 길의 결실이었다.

오늘도 나는 백운산에서 다래를 키우며 살아간다. 자연은 여전히 나를 가르치고 있고 나는 여전히 배우고 있다. 농업에서 나는 실패와 좌절을 극복할 수 있는 힘을 찾았다. 그리고 그 힘은 내가 앞으로도 나아갈 수 있는 원동력이 되고 있다. 농업은 나에게 새로운 삶을 열어 준 문이자, 내가 다시 희망을 찾게 해 준 길이었다. 이제 나는 다래를 단순한 과일로 보지 않는다. 다래는 나의 삶이고, 철학이며, 미래다.

2장
나만의 길을 개척하다

1. 배움의 길
: 농업기술과 자연의 언어를 배우다

지금은 '다래 명인'으로 알려져 있지만, 내가 농부로서 처음 도전한 작목은 매실이었다. 그러나 수확의 기쁨도 잠시, 전국 각지에서 매실이 쏟아져 나오면서 판매에 어려움을 겪었다. 정성껏 키운 매실은 헐값에 팔리거나 폐기될 수밖에 없었다. 그 경험은 내게 농사도 공부가 필요하다는 사실을 절실히 깨닫게 했다.

그래서 7년 동안 광양시 친환경 농업대학에 다녔고, 진주시 경상대학교의 스타임업인 교육 과정을 수료했다. 또한 가까운 농업기술센터를 찾아 농업의 기초부터 고급 기술까지 다양한 교육을 받기 시작했다. 하지만 초기에는 그 강의들이 너무 이론적이고 실질적인 도움이 되지 않는 것처럼 느껴졌다. 내가 원하는 것은 책 속의 지식이 아니라, 실제로 땅을 다루고 농사를 짓는 기술과 노하우였다.

경험으로 배운 농업

책과 강의를 넘어 나는 직접 현장에서 배우기 시작했다. 주변의 농업인들과 교류하며 그들의 경험에서 귀중한 지혜를 얻었다. 그들의 이야기는 단순한 조언이 아니었다. 오랜 시간 쌓아온 시행착오와 성공의 기록이었다. 농업은 단순히 배운 지식을 적용하는 것이 아니라 경험을 통해 체득해야 한다는 사실을 나는 그때 처음으로 깨달았다.

배움을 위해서라면 나는 어디든 찾아갔다. 전국의 선진 농장을 견학하며 정보를 공유했고, 3년에 걸친 현장 학습을 통해 차별화된 품종 선택의 중요성을 알게 되었다. 이런 노력 끝에 농업에 대한 이해가 점차 깊어졌다.

실패에서 얻은 교훈

고백하건데 농사를 시작하고 처음 5년은 실패의 연속이었다. 가장 큰 원인은 품종 선택의 실수였다. 각 작물에는 수많은 품종이 있고, 그중에서 지역의 환경과 시장 수요에 적합한 품종을 선택하는 것이 얼마나 중요한지 당시에는 몰랐다. 그때의 나는 농사가 단순히 땅을 갈고 씨앗을 심는 일이라고 생각했다. 하지만 그것은 농업의 겉모습에 불과했다.

농업은 기후, 토양, 생태계 등 수많은 요소가 얽힌 복잡한 시스템이었다. 성공적인 농업은 이 모든 요소를 이해하고 조화롭게 다루는 데서 시작됐다. 자연과 교감하며 살아가는 삶은 내가 예상했던 것보다 훨씬 더 정교하고 치밀한 일이었다.

배움의 터전, 백운산

강의만으로는 부족했다. 나는 백운산 기슭에 작은 밭을 일구며 그곳을 나만의 실험실로 삼았다. 씨앗을 뿌리고 물을 주며 작물들이 자라는 과정을 직접 관찰했다. 그러나 첫 몇 년은 실패의 연속이었다. 병충해로 작물이 시들거나 제대로 자라지 못하는 일이 빈번했다. 하지만 그 실패들은 나에게 값진 배움의 기회를 제공했다.

나는 땅의 상태를 관찰하는 법과 적절한 시기에 물을 주는 기술을 익혔다. 병충해 초기 징후를 포착하고 대처하는 방법도 하나씩 배워 나갔다. 작물은 단순히 땅에 심는다고 자라는 것이 아니라, 흙, 물, 햇빛, 주변 환경이 모두 유기적으로 연결된 결과물임을 깨달았다.

사람들에게서 얻은 지혜

이론과 실습 외에도 나는 사람들에게서 많은 것을 배웠다. 전국의 농업인들을 찾아다니며 그들의 이야기를 들었고 그 속에서 책이나 강의로는 배울 수 없는 지혜를 발견했다. 어떤 농업인은 토양 관리의 중요성을 강조했고, 또 다른 이는 작물과 대화하듯 대하라는 조언을 해주었다.

그들의 방식은 각기 달랐지만 농업에 대한 열정만큼은 모두 같았다. 나는 그 열정을 본받아 나만의 농업 방식을 찾아가기로 결심했다. 그들의 경험은 내가 나아갈 길에 대한 영감을 주었고, 실패를 딛고 일어설 힘을 주었다.

새로운 도약의 시작

5년이 지나면서 나는 농업의 진정한 가치를 이해하기 시작했다. 차별화된 품종 선택, 토양 관리, 병충해 방제 등 농업의 기본기를 다지며 조금씩 성과를 거두었다. 이 과정은 단순히 농사를 짓는 일이 아니라 자연과 교감하고 나 자신을 성장시키는 여정이었다.

돌이켜 보면 처음의 실패들은 단순한 좌절이 아니었다. 그것들은 내가 더 나은 농업인이 되기 위한 소중한 발판이었다. 실패를 두려워하지 않고 끊임없이 배우고 도전한 결과, 나는 지금의 자리에 설 수 있었다.

농업은 땅을 가꾸는 일이지만 동시에 나 자신을 가꾸는 일이기도 하다. 이 과정에서 얻은 배움과 교훈은 나를 더 단단하고 풍요로운 사람으로 만들어 주었다.

2. 희망을 찾는 길
: 농업인으로서의 자부심

새로운 블루오션, '토종다래'

매실 농사의 실패를 겪고 나서 나는 그 원인이 품종 선택의 부족한 이해에 있음을 깨달았다. 문제를 바로잡기 위해 일본으로 떠났고, 그곳에서 붉은색을 띠는 '남고' 품종을 발견했다. 국내에서 주로 재배하는 청매보다 맛과 향이 진했던 이 품종은 가능성이 충분했다. 예상은 적중했다. 홍매실은 소비자들 사이에서 인기를 끌며 없어서 못 팔 정도로 잘 팔려나갔다. 품종에 관한 공부가 얼마나 중요한지를 뼈저리게 느낀 순간이었다.

홍매실의 성공으로 자신감을 얻은 나는 돌배와 다래 재배에 도전했다. 돌배는 황사가 사회적 문제로 대두되던 시기에 폐 건강에 좋은 작물을 찾는 과정에서 선택한 품종이었다. 다래는 광양 백운산의 다래 군락지가 훼손되는 모습을 보고 이를 지키고자 시작한 연구의 결과였다.

역사 속의 다래

다래는 한반도 전역에서 오랫동안 자생해 온 토종 식물이다. 삼국시대 기록부터 고려시대의 〈청산별곡〉까지, 다래는 한민족의 삶 속에서 흔히 볼 수 있는 열매였다. 다래는 참다래와 같은 계통이지만 우리가 흔히 접하는 참다래는 뉴질랜드에서 개량된 '키위'라고 불리는 품종이다. 100여 년 전 중국산 다래 씨앗이 뉴질랜드로 전해져 현재의 참다래로 발전했다.

반면 토종다래는 크기가 작아 가장 큰 것이 15~20g 정도에 불과하다. 자연계에서는 5g 정도 되는 것도 있다 그러나 껍질째 먹을 수 있어 섭취가 간편하고, 비타민과 섬유질 등 몸에 좋은 영양소 함량이 참다래보다 몇 배나 높다. 나는 이러한 토종다래의 가치를

농장 전경

발견하고 주변 농가에 함께 재배할 것을 권유했다. 그러나 산에서 흔히 보던 다래는 돈이 되지 않는다는 인식 때문에 아무도 귀를 기울이지 않았다.

다래 농사에 담긴 역발상

광양 백운산에는 약 13종 이상의 토종다래가 자생한다. 이는 이 지역이 다래를 키우기에 적합한 기후와 토양을 가지고 있다는 것을 보여준다. 그러나 주변 사람들은 "참다래(키위)가 크고 달콤한데 누가 토종다래를 사 먹겠느냐"며 나의 계획에 의문을 제기했다.

나는 이와 반대로 생각했다. "남들이 하지 않는 일이기에 가능성이 있다"는 판단이었다. 요즘 말로는 역발상이었다. 나는 토종다래를 산업화하기 위해 전라남도 농업기술원, 국립산림과학원과 협력하며 신품종 개발에 나섰다. 이는 다래 농업의 대전환점이 되었다.

내가 육종한 품종 중에는 알이 굵고 향기가 나면서 당도도 높은 것도 있고, 저장성도 탁월한 품종도 있다. 토종다래의 우수성을 생산자, 소비자와 함께하고 싶어서 나는 토종다래의 모든 것을 공개하고 강의도 한다. 앞으로도 토종다래 가치와 브랜드화에 앞장서 나갈 것이다.

자연과의 대화

백운산에서 농사를 배우는 과정에서 나는 가장 중요한 깨달음을 얻었다. 농업은 자연과의 대화라는 것이다. 흙은 인간의 도구가 아니다. 오히려 흙의 상태를 이해하고 그 리듬에 맞춰야 작물이 잘 자란다. 나는 땅이 주는 신호를 읽는 법을 배우기 위해 많은 시간을 들였다.

흙이 건조하면 물을 주고, 지나치게 습하면 배수로를 정비했다. 자연은 정직했다. 내가 제대로 하면 작물은 잘 자랐고, 내가 잘못하면 결과는 명확했다. 다래를 키우며 나는 자연의 요구를 면밀히 관찰했다. 어떤 토양이 적합한지, 햇빛과 물은 얼마나 필요한지를 하나씩 알아갔다.

끝없는 배움의 길

농업은 끊임없는 배움의 과정이었다. 수많은 실패 속에서도 나는 포기하지 않고 개선점을 찾아갔다. 실패는 나에게 중요한 교훈을 주었다. 물 빠짐이 좋지 않은 땅에 씨앗을 심어 실패한 경험을 통해, 땅의 성질을 먼저 파악하는 법을 배웠다.

농업기술만으로 모든 것이 해결되지는 않았다. 농업은 자연의 법칙을 이해하고 그 흐름에 조화를 이루는 일이었다. 기술은 단지 도구일 뿐 자연과의 협력 없이는 성공할 수 없었다.

농업인으로서의 자부심

농업은 결코 쉬운 일이 아니다. 하지만 나는 농업을 통해 삶의 본질과 가치를 재발견했다. 씨앗을 심고, 작물이 자라는 과정을 지켜보며 나는 생명과 자연의 아름다움을 이해하게 되었다.

처음 재배한 다래가 수확되었을 때 나는 단순한 기쁨을 넘어 자부심을 느꼈다. 다래는 내가 자연과 함께 이룬 결과물이었고, 그 안에는 나의 시간과 노력이 담겨 있었다.

자연과 함께 살아가는 삶

농업은 단순히 생계만를 위한 일이 아니다. 그것은 자연과 교감하며 살아가는 방식, 그리고 나 자신을 발견하는 과정이다. 다래 농사를 통해 나는 자연의 리듬에 맞춘 삶의 방식을 배웠다. 도시의 경쟁과 성과 중심의 삶과는 완전히 다른 경험이었다.

지금도 나는 농업인으로서의 삶을 자랑스럽게 생각한다. 다래는 단순한 열매가 아니라 나와 자연이 함께 만든 예술이다. 농업을 통해 나는 자연의 일부로서 살아가며 다른 사람들에게 건강과 행복을 전달하고 있다.

농업은 끝없는 배움의 길이다. 하지만 그 길은 내 삶의 중심을 이루는 가치와 기쁨을 준다. 나는 앞으로도 농업을 통해 자연과 함께 성장하며 나만의 이야기를 만들어갈 것이다.

3. 명인의 철학
: 실패와 도전 속에서 얻은 인생 교훈

토종다래 가치와 브랜드화에 앞장서다

농업은 실패와 도전의 연속이다. 씨앗을 심는 순간부터 수확에 이르기까지, 모든 과정은 불확실성과의 싸움이다. 처음 농업에 발을 들였을 때 나는 사업 세계에서 쌓아온 논리와 경험이 농업에서도 유용할 것이라고 믿었다. 그러나 자연은 그런 나의 생각을 산산조각 냈다. 날씨, 병충해, 토양 상태 등 통제할 수 없는 요소들은 내가 계획한 대로 움직이지 않았다. 실패는 필연적이었다. 하지만 그 실패는 나를 좌절시키는 대신 겸손과 배우려는 태도를 가르쳐 주었다.

첫 번째 실패, 그리고 배움의 시작

농업에 첫발을 디딘 해, 나는 다래에 대해 거의 알지 못했다. 그저 이 작은 열매가 내 삶을 바꿀 새로운 시작이 될 것이라는 막연한 믿음만 있었다. 하지만 농사를 짓는 법도 모르고 땅과 나무를 다루는 기본 지식조차 부족했던 나는 심은 나무들이 몇 달 만에 말라가는 모습을 지켜볼 수밖에 없었다. 나는 5년간의 실패를 겪고 나서야 자연이 인간의 뜻대로 움직이는 대상이 아니라 이해하고 협력해야 하는 존재임을 깨달았다.

나는 농업의 본질을 배우기 위해 책을 읽고 전문가들에게 조언을 구하며 직접 땅과 나무를 관찰했다. 그러나 농업은 단순히 이론으로 해결되는 영역이 아니었다. 실제 경험과 실패를 통해 배우는 것이 농업의 핵심이었다. 첫해의 실패 이후, 나는 나무 한 그루를 제대로 키우기 위해 물과 햇빛의 조화를 맞추는 방법을 실험하며 조금씩 나아갔다. 매년 반복되는 실패 속에서 나는 자연이 주는 교훈을 이해하기 시작했다. 실패는 단지 잘못된 결과가 아니라 다음 도전을 위한 준비 과정이었다.

부저농원 : 자연과의 조화로운 협력

이미 술회했지만 귀농 초기, 나는 단순히 땅을 갈고 씨를 뿌리는 일이 농업의 전부라고 생각했다. 하지만 농업은 자연과의 대화였다. 흙은 인간이 마음대로 조종할 수 있는 도구가 아니었다. 흙의 상태를 이해하고, 그 리듬에 맞춰 나가는 것이 성공의 열쇠였다.

부저농원은 단순히 농작물을 생산하는 공간이 아니라 자연과 조화를 이루는 철학을 담은 공간이었다. 나는 야생화와 약용식물로

대문 앞 표지석

대문 앞 농장 안내판

가득한 농장을 가꾸며 다래나무를 심고 발효액과 식초 같은 가공품을 개발해 판매하기 시작했다. 이런 노력 끝에 농장은 2010년 농촌진흥청으로부터 '산야초 교육농장'으로 지정되었다. 2015년에는 농림축산식품부 농촌융복합산업 사업자 인증을 받았다.

토종다래의 가치 발견과 브랜드화

살어리 살어리랏다 청산(靑山)애 살어리랏다
멀위랑 ᄃᆞ래랑 먹고 청산애 살어리랏다
얄리얄리 얄랑셩 얄라리 얄라

고려가요인 〈청산별곡〉에 나오는 다래는 한반도 전역에서 자생해 온 토종 식물이다. 삼국시대 기록에서부터 고려시대의 〈청산별곡〉, 조선시대에는 《세종실록지리지》, 《본초강목》, 《동의보감》 등 다래는 한국인의 삶 속에서 익숙한 열매였다. 그러나 지금 우리가 쉽게 접하는 참다래는 뉴질랜드에서 개량된 품종이다. 참다래는 키위의 우리식 이름인데, 털이 많고 질감이 거칠기 때문에 깎아서 먹어야 한다.

반면 토종다래는 크기가 작지만 껍질째 먹을 수 있어 섭취가 간편하고 비타민과 섬유질 등 영양소 함량이 참다래보다 월등히 높다.

다래, 섬다래, 개다래, 쥐다래 등 4종이 국내에서 분포하고 있는데 나는 이 다래(토종다래)의 가능성을 엿보고 브랜드화에 나섰다. 그러나 주변 사람들은 "작고 쉽게 물러지는 다래를 누가 사겠느냐"며 회의적인 반응을 보였다. 이러한 반응 속에서도 나는 토종다래가 가진 고유의 가치를 지켜야 한다는 믿음으로 연구와 개발을 멈추지 않았다.

품종 개량 작업 중에는 수많은 시행착오가 있었다. 어떤 품종은 성공적으로 자랐지만, 또 어떤 품종은 완전히 실패로 끝났다. 그러나 이 모든 과정은 나를 더 나은 농업인으로 만들어 주었다.

농업은 단순히 기술로만 해결되지 않았다. 자연의 리듬과 법칙을 이해하고 그에 맞춰 조화를 이루는 것이 농업의 핵심이었다. 나무가 자라고 열매가 익는 데는 시간이 필요했다. 사업가 시절의 나는 항상 즉각적인 결과를 추구했지만 농업은 기다림의 가치를 가르쳐

부저농원 탐방로

토종다래 현장 강의

주었다. 기다림 속에서 나는 더 깊은 깨달음을 얻었고 내 자신을 돌아볼 수 있었다.

농업 철학 : 겸손과 정직

농업은 내게 철학을 심어주었다. 자연은 결코 거짓말을 하지 않는다. 내가 뿌린 씨앗이 제대로 자라지 않는다면, 그것은 내가 무엇인가를 잘못했기 때문이다. 농업은 내 삶을 비추는 거울과도 같았다. 내가 얼마나 노력했는지, 얼마나 신중했는지가 그대로 드러났다.

또한 실패와 도전 속에서 얻은 가장 큰 교훈은 겸손이었다. 자연 앞에서 인간은 작고 부족한 존재임을 알게 되었다. 내가 모든 것을 통제할 수 있다고 생각했지만 자연은 늘 인간의 한계를 보여주었다. 이 깨달음은 나를 더욱 겸손하게 만들었고 자연과 조화를 이루려는 노력을 하게 했다.

미래를 위한 도전

농업은 나에게 단순한 직업 이상의 의미를 준다. 나는 자연 속에서 실패와 도전을 경험하며 내 삶의 방향을 새롭게 정립할 수 있었다. 농업은 끝없는 배움의 과정이며 그 속에서 나는 성장하고 있다. 실패는 성공으로 가는 발판이 되었고 도전은 내 삶을 풍요롭게 만들었다.

지금 나는 농업을 통해 얻은 교훈을 더 많은 사람들과 나누고 싶다. 실패는 두려워해야 할 대상이 아니라 성장의 기회임을 전하고 싶다. 농업은 단순히 땅에서 작물을 키우는 일이 아니다. 그것은 인간과 자연이 함께 만들어가는 예술이고 우리의 삶을 풍요롭게 만드는 철학이다.

나는 이 철학을 바탕으로 앞으로도 실패와 도전을 두려워하지 않으며 자연과 함께 배우고 성장해 나아갈 것이다. 그것이 바로 나의 농업 철학이다.

부저농원 가공공장, 교육장

약초목욕 체험관

토종다래,

재배에서 발효까지

– 이평재 명인에게 배운다

제2부

명인 기술

7장 : 토종다래 재배와 발효의 비밀

1장 토종다래의 발견과 이해

이제부터 본격적인 다래 농법에 대해 이야기할 공간이 열린 것 같아 기분이 상쾌해진다. 우선 다래의 역사를 살펴보고 나의 이론을 펼쳐보고자 한다.

1. 토종다래의 역사
: 우리 민족의 전통 과일

토종다래는 한반도 전역에서 자생해 온 고유의 과일로, 단순히 산에서 채집하던 열매 이상의 의미를 지닌다. 이 작은 과일은 한민족의 역사와 생활 속에 깊이 자리 잡아왔다. 다래는 삼국시대부터 현대에 이르기까지 자연의 순환과 인간의 삶을 연결하는 상징적인 역할을 해왔다. 그 역사를 되짚어보면, 토종다래는 단순히 과일이 아니라, 자연과 문화가 교차하는 지점에 위치한 특별한 존재임을 알 수 있다.

삼국시대와 고려시대 : 자연의 선물

삼국시대의 기록

삼국시대부터 다래에 대한 기록이 남아 있다. 당시 다래는 산과 들에서 쉽게 발견되는 자연의 선물로 여겨졌다. 계절이 바뀌며 자연이 주는 열매 중 하나로, 다래는 단순한 간식 이상의 의미를 가졌다. 이는 자연의 순환과 조화를 중시하던 당시 사람들에게 다래가 얼마나 중요한 존재였는지를 보여준다.

고려시대의 〈청산별곡〉

고려시대의 가요인 〈청산별곡〉에는 다래가 "산에서 흔하게 먹을 수 있는 열매"로 등장한다. 이 문헌은 다래가 당시 사람들에게 얼마나 친숙한 과일이었는지를 잘 나타낸다. 다래는 산골 지역에서 쉽게 채집할 수 있는 열매로, 자연스러운 간식이자 에너지원이었다. 자연에서 얻을 수 있는 간단하고 소박한 식재료였지만 그 가치는 사람들의 일상 속에 깊이 자리 잡고 있었다.

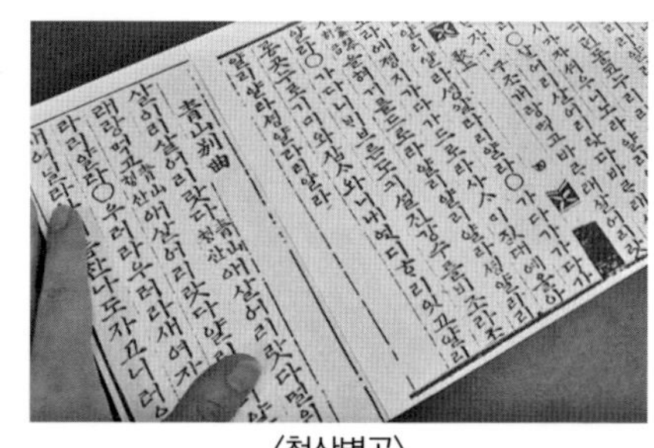

〈청산별곡〉

조선시대 : 약용식물로서의 다래

조선시대에 들어서면서 다래는 단순한 과일을 넘어 약용식물로 활용되기 시작했다. 전통 한방에서는 다래가 갈증을 풀고, 해열·이뇨작용을 하고, 식욕증진·위장 건강에 효과가 있다고 기록되어 있다. 특히 산촌 지역에서는 다래가 자연 속에서 쉽게 구할 수 있는 치료제이자, 배고픔을 달래는 필수적인 자원이 되었다.

산촌 생활의 필수품

조선시대의 산촌 주민들에게 다래는 단순한 간식을 넘어 생존의 도구였다. 배고픈 시절에 쉽게 구할 수 있는 에너지원으로, 다래는 사람들에게 소중한 존재였다. 이 시기 다래는 자연의 풍요로움을 상징하며 단순한 과일 이상의 의미를 갖게 되었다.

일제강점기 : 외래 품종의 도입과 토종다래의 위축

일제강점기 동안 일본은 농업 생산성을 높이기 위해 다양한 외래 품종을 한반도에 도입했다. 남고 매실이나 일본 다래 품종은 그 중 대표적인 사례로, 이 품종들은 크기가 크고 생산량이 많아 경제적 가치가 높은 작물로 평가되었다. 이러한 외래 품종의 도입은 당시 농업의 상업화를 촉진하는 데 기여했지만 토종다래와 같은 고유 품종의 입지가 상대적으로 약화되는 계기가 되었다.

토종다래의 지속성

그럼에도 불구하고 일부 산촌 지역에서는 토종다래가 여전히 자생하며 산야에서 채집되었다. 이는 토종다래가 가진 생명력과 자연 적응성을 보여주는 사례다. 당시 사람들은 토종다래를 통해 자연의 지속성과 전통을 이어갔다.

현대 : 토종다래의 재발견과 보존

상업 재배 작물의 우세

1970~1980년대에는 현대 농업기술이 발전하면서 크기가 크고 경제성이 높은 작물이 선호되었다. 이로 인해 토종다래는 작고 경제성이 낮다는 이유로 점차 관심에서 멀어졌다. 그러나 일부 연구자와 자연 애호가들은 토종다래가 가진 생태적, 영양적 가치를 재발견하기 시작했다.

건강식품으로의 전환

2000년대 이후 건강식품에 대한 관심이 높아지면서, 토종다래의 높은 비타민C 함량과 항산화 성분이 주목받았다. 예를 들어 〈한국식품영양학회지〉나 〈농업과학연구〉와 같은 학술지에서는 토종다래가 인체에 유익한 항산화 작용을 촉진하고 면역력을 강화하는데 도움이 되는 성분을 함유하고 있다고 보고했다. 비타민C는 체내에서 콜라겐 합성, 면역력 증진, 세포의 산화 손상 방지 등에 기여하며 항산화 성분은 노화를 억제하고 만성질환의 예방에 도움을 준다고 알려져 있다.

특히 광양 백운산 등에서 자생하는 토종다래는 이러한 영양학적 특성이 더 두드러진다. 이는 해당 지역의 토양과 기후 조건이 다래의 생리적 성분 축적에 긍정적인 영향을 미쳤을 가능성을 시사한다.

따라서 토종다래는 높은 비타민C 함량과 강력한 항산화 성분으로 인해 건강식품 시장에서 그 가치를 새롭게 조명받고 있으며, 이를 바탕으로 다양한 가공식품이나 기능성 식품으로의 활용 가능성이 높아지고 있다.

토종다래와 참다래 : 조상과 후손

토종다래의 가능성

토종다래는 현대 참다래(키위)의 조상 격인 열매다. 1904년 뉴질랜드 선교사 이사벨 프레이저는 중국 양쯔강 유역 한 야산에서 다래 씨를 채집해 귀국 후 정원수로 심었다. 그 뒤 원예학자 헤이워드 라이트가 10년 넘게 품종을 개량하여 키위프루트로 불렀다. 중국산 다래 씨앗이 뉴질랜드로 전해지면서 뉴질랜드는 키위를 세계적인 과일로 상업화하며 성공을 거두었지만, 토종다래는 크기가 작고 상업적 가치가 낮아 상대적으로 주목받지 못했다.

그럼에도 불구하고 토종다래는 참다래와는 다른 독특한 매력을 지니고 있다. 토종다래는 크기나 외관 면에서 참다래(키위)에 비해 소박하지만, 참다래와는 확연히 다른 독특한 매력을 지니고 있다. 가장 큰 특징 중 하나는 껍질째 먹을 수 있다는 점이다. 참다래는 껍질을 제거해야 먹을 수 있지만, 토종다래는 껍질에 털이 없고 얇아 먹기에 간편하다. 껍질째 섭취할 경우 섬유질과 영양소가 더욱 풍부하게 흡수된다는 점은 바쁜 현대인들에게 매력적인 장점으로 작용한다.

다래 열매

또한 토종다래는 항산화 성분과 비타민 함량이 높아 건강식품으로서의 가치를 지닌다. 특히 비타민C 함량은 참다래보다도 높아 면역력을 강화하고 피부 건강을 촉진시키는 데 탁월하다. 이런 특성은 건강을 중시하는 현대 소비자들에게 점점 더 매력적으로 다가오고 있다. 항산화 성분인 폴리페놀과 플라보노이드는 체내 활성산소를 제거해 세포 손상을 방지하고 노화 방지 효과를 준다. 이는 토종다래를 단순한 과일이 아니라 일종의 '웰빙 과일'로 자리매김하게 한다. 토종다래는 한입에 먹기 좋은 크기 덕분에 간식으로 적합하며 도시의 바쁜 라이프스타일에 어울리는 간편함을 제공한다. 캠핑이나 피크닉 같은 야외 활동에서도 쉽게 섭취할 수 있어 실용적인 장점이 크다.

키위 열매

참조 참다래는 원래 다래를 지칭했으나, 1991년 키위가 농산물 수입 자유화 품목에 포함되면서 국내 키위 생산이 큰 타격을 받았다. 이에 1997년 참다래유통사업단에서 한국어로 '참다래'라는 명칭을 공식화하며, 이후 키위를 '참다래'로 부르게 되었다.

현재와 미래 : 토종다래의 재조명과 세계화 가능성

현대적 재해석

최근 들어 건강과 지속 가능한 농업에 대한 관심이 높아지면서 토종다래는 그 전통성과 영양학적 가치를 새롭게 인정받고 있다. 건강식품 시장의 성장과 함께, 토종다래는 다시 한 번 주목받고 있다.

광양 백운산을 비롯한 강원도, 충청도 등 여러 지역에서 자생하는 토종다래는 다양한 품종을 보존하고 있다. 백운산은 자연 생태계가 잘 보존된 지역으로, 토종다래의 생태적 가치와 환경 적응성을 보여주는 중요한 사례로 꼽힌다. 이곳은 다래가 자생하기에 적합한 환경적 조건을 갖추고 있어 산지 곳곳에서 다래나무가 생명력을 유지하며 자라나고 있다.

백운산의 토종다래 자생지는 한국 토종다래의 생물다양성과 고유성을 증명하는 장소다. 다양한 품종이 한 지역에서 공존하며 각기 다른 특징과 특성을 보여준다. 어떤 품종은 당도가 높아 단맛이 뛰어나고, 또 어떤 품종은 산미와 독특한 향을 지니고 있다. 이는 토종다래가 자연 환경에 따라 다양한 적응을 이루어 낸 결과로, 각 품종이 특정한 생육 조건에 최적화되어 있다는 것을 나타낸다.

2. 다래의 특성과 품종에 대한 고찰
: 토종다래에 대한 이해, 품종의 종류 및 특성, 생육 조건

다래의 특성

학명과 명칭

다래는 학명 Actinidia arguta로 불리며 다래과(Actinidiaceae) 다래나무속(Actinidia)에 속하는 낙엽 활엽 덩굴성 식물이다. 한국에서는 다래, 자생다래, 산다래, 참다래, 토종다래 등 다양한 이름으로 불리며 영어로는 Bower Actinidia, Siberian Gooseberry라는 이름이 있다. 한자로는 미후리(未後李), 미후도(未後桃)로 기록된다.

분포와 서식지

다래는 길이가 20m, 줄기의 직경이 15cm까지 자랄 수 있는 강력한 덩굴성 식물이다. 수직적으로는 해발 1,600m 이하의 물이 흐르는 계곡 주변, 그늘진 지역을 선호한다. 지리적으로는 우리나라 전역뿐 아니라 중국 북부, 일본 서쪽의 산악지대, 시베리아 남부까지 분포한다. 세계적으로는 2~15속, 약 280~560종에 이르는 다래가 분포하며, 우리나라에는 다래, 개다래, 쥐다래, 섬다래의 4종이 주로 자생한다. 이 외에도 털다래, 녹다래, 넓적다래와 같은 변종이 보고되고 있다.

생육과 열매의 특징

다래는 암수 딴그루로 5월 중순에서 하순경에 개화하여 9월에서 10월 사이 열매가 성숙한다. 열매는 주로 난형이나 원형이며 녹색의 표면은 털이 없다. 중부지방에서는 8월 하순부터 9월 하순에, 남부지방에서는 9월 중순부터 10월 중순에 수확할 수 있다. 당도는 15~20브릭스에 달하며 과일 무게는 5~22g 정도로 다양하다. 맛이 우수하며 다양한 영양소를 함유한 건강식품으로 평가받는다.

구체적인 구조와 생육 습성

【다래의 잎】 넓은 난형에서 타원형까지 다양하며 끝이 뾰족하다. 길이는 약 6~12cm, 폭은 3.57cm로 표면은 녹색이고 털이 없으며 광택이 있다. 잎 가장자리는 톱니 모양이고 엽병의 길이는 약 3~8cm로 관찰된다. 이러한 잎의 구조는 광합성 효율이 높아 다래의 생장에 적합한 환경을 제공한다.

다래 잎

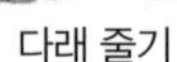

다래 줄기 섬다래 줄기 개다래 줄기 쥐다래 줄기

【줄기】 줄기의 골속은 갈색이며 계단 모양이다. 어린 가지에는 잔털이 있지만 시간이 지날수록 표면의 털은 사라지고 피목(반점)이 뚜렷하게 나타난다. 겨울철 가지는 갈색으로 변하며 줄기는 7~20m 이상 자랄 수 있다. 이러한 줄기 구조는 다래의 덩굴식물로서의 특성을 반영하며 덕 시설을 통해 효율적으로 유도하여 재배할 수 있다.

【뿌리】 다래의 뿌리는 천근성으로, 지표면 가까이에 사방으로 뻗는다. 이러한 뿌리 구조는 수분과 양분을 효과적으로 흡수하도록 돕는 한편 과습과 건조에 민감한 생리적 특성을 지닌다. 재배 시 토양 관리와 배수가 중요한 이유가 여기에 있다.

【꽃】 다래는 암수가 다른 나무로, 꽃잎과 꽃받침이 각각 5개로

다래 암꽃 다래 수꽃 벌 수정

이루어져 있다. 5월 중순에서 하순경에 개화하며, 대개 중앙화 1개와 측화 2개가 피지만 경우에 따라 중앙화 1개만 피기도 한다.

【열매】 다양한 형태를 띤다. 주로 난상 또는 원형이며, 털이 없고 녹색이다. 품종에 따라 차이가 있으나 중부지방에서는 8월 하순에서 9월 하순,남부지방에서는 9월 중순에서 10월 중순 사이에 익고 당도가 높고 풍부한 향을 자랑하며 소비자들에게 인기가 많다. 특히 껍질째 먹을 수 있는 점은 현대 소비자들에게 큰 매력으로 작용한다.

다래 열매

다래의 다양한 종류와 특성

다래는 우리나라 산야에 자생하는 대표적인 덩굴성 식물로, 다래나무속(Actinidia)에 속한다.세계적으로 다래나무는 대부분은 중국에서(키위 품종 중국에서는 양도라 함) 발견된다. 그러나 대부분의 품종은 과일 크기가 작고 식용으로 적합하지 않아 상업적 가치는 제한적이다. 이와 달리 우리나라에 자생하는 다래와 그 변종들은 독특한 생태적 가치와 잠재력을 지니고 있다. 다래를 포함한 주요 종에는 개다래, 쥐다래, 섬다래 등이 있으며, 각 품종은 저마다 고유의 생태적 특성과 재배 가능성을 보인다.

다래(Actinidia arguta)

특성과 생태

다래는 우리나라 전역에서 흔히 볼 수 있는 자생 식물로, 주로 바람이 막힌 계곡 안쪽에서 군락을 이루며 자란다. 길이는 최대 20m에 이르며, 덩굴성 식물의 특성상 높은 지형에서도 잘 적응한다. 다래나무의 꽃은 5장의 흰 꽃잎으로 이루어져 매화꽃을 연상시키며, 남부지방 기준으로 5월경에 핀다. 암꽃과 수꽃은 각각 다른 나무에서 피는 자웅이주이다. 꽃은 자웅이가화 또는 자웅잡가화다. 열매는 풋대추 모양을 닮은 녹색으로, 9월경 성숙하여 맛과 영양이 뛰어나다. 당도는 15~20브릭스에 달하며, 과일 크기는 5~22g으로 다양하다.

다래 암꽃　　다래 수꽃　　다래 열매

부저농원의 경험 부저농원에서는 다래의 자연 생태를 활용하여 군락지 조성을 시도하고 있다. 바람이 적고 배수가 잘되는 계곡 지역을 선택해 재배 환경을 최적화했다. 특히 다래는 덩굴성 식물이므로 덕 설치를 통해 열매의 품질과 수확 효율을 높이는 방식으로 관리하고 있다.

개다래(Actinidia kolomikta)

특성과 생태

개다래 꽃

개다래는 다래와 달리 줄기의 속이 하얀색으로 차 있는 것이 특징이다. 전국적으로 다래가 자생하는 지역에서 발견되며, 주요 군락지는 강원도 홍천, 정선, 원주 등이다. 열매는 계란 모양의 타원형이며, 독특하게 혀를 아리게 하는 맛이 나고 달지 않아 식용으로는 적합하지 않다. 개다래의 꽃은 양성화와 암꽃을 함께 피우며, 결과주를 삽주로 골라 묘목을 양성한다.

개다래 열매(충령)로 약용으로 사용

벌통(화분 채취)

농사 사례

강원도 홍천에서는 개다래의 강한 생명력을 활용해 산림 복합경영을 시도하고 있다. 개다래는 열매의 상품성은 떨어지지만 토양을 덮어 침식을 방지하는 효과가 있어 산림 재배지에서 중요한 역할을 한다. 일부 농가는 개다래를 토종 꿀벌의 꿀원으로 사용하며 생태적 가치를 극대화하고 있다.

쥐다래(Actinidia polygama)

특성과 생태

쥐다래

쥐다래꽃

쥐다래는 우리나라를 비롯해 중국, 일본, 러시아 등지에 분포한다. 봄철 신엽은 연두색을 띠며 개화기에는 흰색과 분홍색의 무늬가 나타나 장식적인 가치가 크다. 잎은 난형의 긴 타원형으로 맥 위에 연한 털이 있고, 맥액에는 백색 털이 다발로 나 있다. 꽃은 5월경에 피며, 암꽃과 수꽃이 딴 그루의 소지기부 엽액에 1~3개씩 달려 핀다 수꽃은 많은 수술과 헛암꽃이 있고, 암꽃에는 1개의 암꽃과 헛수술이 여러 개 있다. 과실의 표피에는 수직으로 옅은 흰줄 띠가 있다. 과일 크기는 약 4~7g으로 작고, 후숙 후 당도가 16~23브릭스로 단 편이지만 착과량이 낮고 저장성이 떨어진다.

농사 사례

일부 농가에서는 쥐다래를 야생 그대로 보존하며 생태관광 자원으로 활용하고 있다. 쥐다래의 독특한 색채와 작은 열매는 도시민들에게 매력을 끌며 농촌 체험 프로그램의 중요한 요소로 자리 잡고 있다.

섬다래(Actinidia rufa)

특성과 생태

섬다래는 주로 전라남도의 해안 근처에서 자생하며 자웅잡가화로 꽃이 핀다. 줄기는 어릴 때 적갈색 털로 덮여 있으나 점차 사라지고, 껍질눈이 뚜렷하게 나타난다. 잎은 어긋나기하며 타원형 또는 난상 타원형이다. 열매는 넓은 타원형으로, 길이는 약 2~3cm 정도이며 밝은 반점이 특징적이다. 다래나무 열매보다 조금 큰 편이다.

섬다래 꽃

농사 사례

전남 신안군에서는 섬다래를 특산물로 육성하기 위한 프로젝트를 진행 중이다. 섬다래의 강한 생명력을 활용해 염분 농도가 높은 지역에서도 재배 가능성을 시험하고 있으며, 이를 지역 경제 활성화와 연계하고 있다.

섬다래

기타 : 다래 품종과 변종

녹다래

녹다래는 충북 보은과 강원도 태백산 및 속초 지역에서 발견된다. 특히 녹다래는 토양 적응력이 뛰어나 고지대에서도 잘 자라며, 자연 군락지를 형성하는 특징이 있다.

털다래

털다래는 전남 신안군의 도서 지역에서 발견된다. 이 품종은 다른 다래와 달리 열매에 얇은 털이 있어 독특한 외관을 지니고 있다. 이러한 특징은 농가에서 상품성을 높이는 데 활용된다.

다래 농업의 전망

다래는 우리나라의 풍부한 생태환경을 반영하는 자생 식물로, 각 품종마다 독특한 생태적 특성과 활용 가능성을 지니고 있다. 특히 다래와 섬다래는 재배 및 상품화 가능성이 높아, 품종 개량과 마케팅 전략을 통해 국내외 시장에 진출할 잠재력을 가지고 있다. 개다래와 쥐다래는 주로 생태적 가치와 경관 조성에 활용되며, 농촌 관광과 연계한 경제적 이익을 제공할 수 있다. 앞으로 다래 품종에 대한 체계적인 연구와 재배 기술 개발이 이루어진다면, 다래는 세계적으로도 경쟁력 있는 작물로 자리 잡을 수 있을 것이다.

다래의 성분

다래는 자연이 준 특별한 선물 중 하나로, 영양학적 가치와 다방면의 활용 가능성을 두루 갖춘 과일이다. 열매의 성분은 인간의 건강을 증진시키는 데 중요한 역할을 하며, 다래를 기반으로 한 다양한 가공품은 경제적 가능성까지 보여준다. 여기서는 다래의 성분과 함께 이를 바탕으로 한 활용 방안을 학술적 근거와 농업적 사례를 통해 자세히 살펴보자.

다래는 한눈에 보기에는 소박한 열매 같지만 그 내부에는 놀라운 영양소가 가득하다. 열매의 가식부위 100g 중 주요 성분을 살펴보면 다음과 같다.

【수분】 86%로 높은 함량을 보여 수분 공급원이 될 수 있다.

【단백질】 0.7g으로 과일치고는 낮은 편이지만, 균형 잡힌 식단에 기여한다.

【지질】 1.9g으로 다른 과일에 비해 다소 높은 지질 함량을 보여준다.

【탄수화물】 11g으로 에너지 공급원이 된다.

【회분】 0.4g으로 미네랄이 포함되어 있다.

【미네랄】 – 칼슘 : 23mg으로 뼈 건강에 기여한다.
– 인 : 17mg으로 신진대사를 돕는다.
– 철 : 0.2mg으로 혈액 생성에 필수적이다.

【비타민】 – 티아민(0.01mg)과 리보플라빈(0.09mg) : 에너지 대사에 중요하다.

– 나이신(0.09mg) : 피부 건강과 신경 기능을 돕는다.

– 아스코르브산(비타민C) : 176mg으로 항산화 작용과 면역 강화에 기여한다.

이처럼 다래는 탄수화물, 비타민, 미네랄 등 다양한 영양소가 균형 있게 포함되어 있어 건강을 위한 자연식품으로 손색이 없다.

다래의 효능 : 전통에서 현대까지의 가치와 활용

다래는 한국을 대표하는 전통 과일로, 영양과 약리적 효능면에서 탁월한 가치를 지니고 있다. 이 열매는 단순한 과일을 넘어 현대 건강학에서 주목받는 자연식품으로 자리 잡고 있다. 또한 역사적으로도 조선시대부터 현재에 이르기까지 약용 및 식용으로 널리 사용되어 온 점에서 다래는 우리 민족의 삶과 깊은 관련을 맺고 있다.

다래의 주요 성분과 영양적 가치

다래는 비타민C를 비롯한 풍부한 영양소를 함유하고 있다. 가식부위 100g 기준으로 분석한 주요 성분은 다음과 같다.

【비타민C】 100g당 약 176mg으로, 레몬의 약 10배에 해당한다. 이는 항산화 효과와 면역력 강화에 크게 기여한다.

기타 영양소

【탄수화물, 저당, 과당】 에너지원으로 활용되며 혈당 조절에 도움을 줄 수 있다.

【단백질 분해효소】 소화 촉진에 유효하다.

【펜토오스, 알라비노가락탄, 타닌, 펙틴】 소화 개선 및 장 건강에 긍정적인 영향을 준다.

다래는 이러한 성분들 덕분에 현대인의 식단에서 항산화와 영양 보충을 위한 천연 원료로 각광받고 있다.

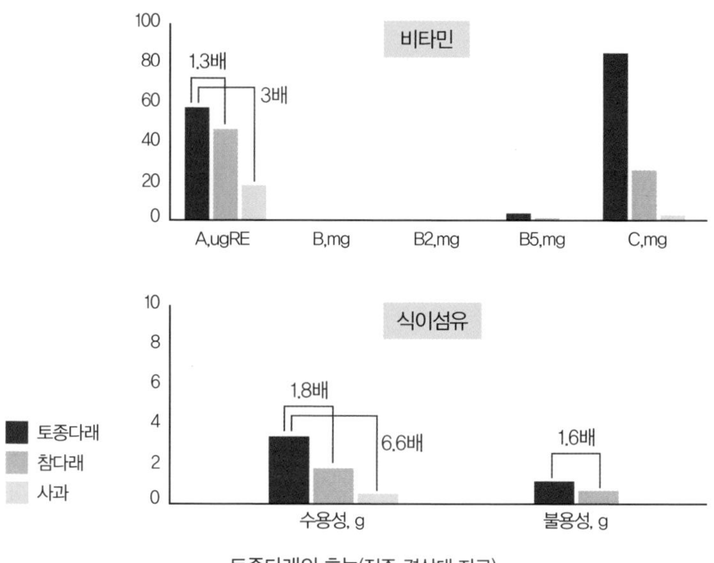

토종다래의 효능(진주 경상대 자료)

다래의 주요 효능

항산화 효과와 면역력 강화

다래에 풍부한 비타민C는 강력한 항산화 효과를 발휘한다. 이는 활성산소 제거에 효과적이, 세포 노화를 방지하고 면역 체계를 강화한다. 특히 다래는 괴혈병 예방과 치료에 유효한 것으로 알려져 있어 과거부터 병약한 사람들에게 자연 치료제로 사용되었다.

토종다래는 높은 항산화 성분을 함유하고 있다. 특히 비타민C와 폴리페놀은 대표적인 성분으로 이들은 활성산소를 제거하고 세포 손

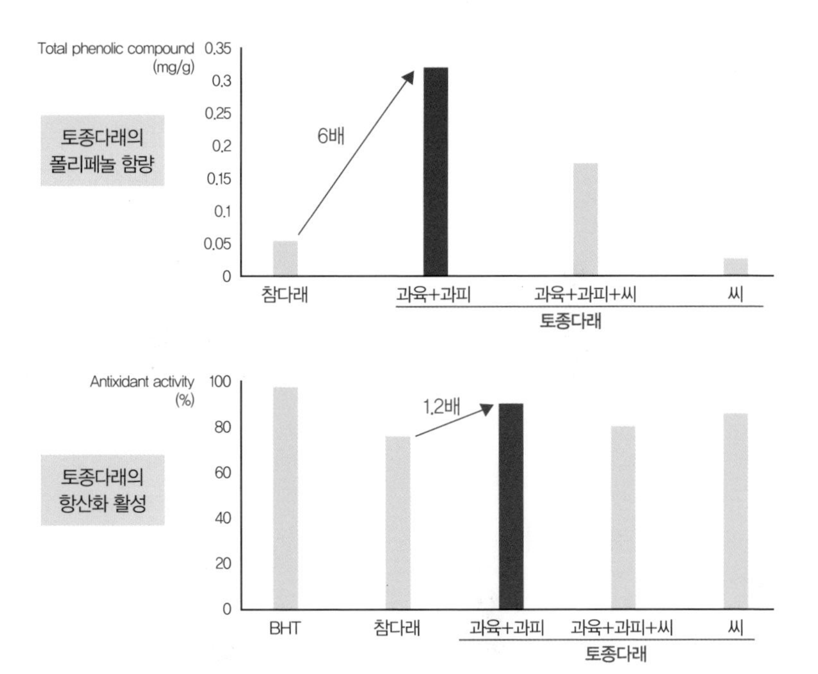

토종다래의 폴리페놀 함량과 항산화 작용
〈토종다래 시료 : 영월, S농원 / 수확 시기 : 2016년 09월 / 분석 : 경상대학교 양재경 교수 연구팀〉

토종다래 발효액

판매장에 방문한 외국인들

상을 방지하는 데 중요한 역할을 한다. 연구에 따르면, 토종다래의 비타민C 함량은 뉴질랜드 키위보다 2~3배 더 높다. 이는 피로회복과 면역력 강화에 도움을 주며 노화를 억제하는 효과가 있다. 나는 다래를 가공한 발효액을 연구하면서 항산화 효과를 체감할 수 있었다.

부저농원의 경험 3년 숙성된 다래 발효액을 섭취한 소비자들로부터 피부가 좋아졌다는 피드백을 받은 적이 있다. 이는 항산화 성분이 체내에서 제대로 작용하고 있음을 보여주는 사례였다.

소화 및 장 건강과 변비 개선

단백질 분해 효소

다래에는 단백질 분해효소가 풍부하다. 이 효소는 육류와 같은 단백질이 풍부한 음식을 소화하는 데 도움을 주며, 장 건강을 개선하고 변비에 효과적이다. 다래를 섭취한 뒤 소화가 원활해지는 경험은 실제 농업인들 사이에서도 보고되고 있다.

이뇨 및 해열 작용

다래 열매는 신장을 강화하고 배뇨를 촉진하며 체내의 열을 내려주는 데도 효과적이다. 이는 《동의보감》에서도 기록된 효능으로, 갈증을 해소하고 체내 독소 배출을 도와주는 데 탁월하다.

아토피 및 피부 건강

다래는 피부질환 완화에도 효과적이다. 다래 추출물을 활용한 연구에서 피부 보습과 염증 완화 효과가 입증되었으며, 이는 아토피와 같은 만성 피부질환을 완화하는 데 활용 가능하다.

피로회복 및 강장 효과

다래는 피로회복과 강장 효과로도 알려져 있다. 다래의 당분은 에너지원으로 활용되며 피로 누적이 심한 현대인에게 자연스러운 활력 공급원으로 적합하다.

한방에서의 활용 : 약용 과일로서의 가치

전통 한방에서 다래는 폐 건강과 위장 질환 치료에 효과가 있다고 기록되어 있다. 특히 다래는 기관지 질환에 탁월한 효능을 보여, 폐렴이나 만성 기침을 앓는 환자들에게 사용되었다. 나는 이러한 한방적 활용에 주목해 다래의 다양한 가공품을 개발하기 시작했다.

다래 잎을 말려 차로 우려낸 경우 폐를 따뜻하게 하고 가래를 줄이는 효과가 있었다. 실제로 내 농장에서는 이러한 다래 잎차를 판매하며 소비자들로부터 좋은 반응을 얻었다. 이처럼 다래는 단순한 과일을 넘어 약용으로서의 가치를 지닌다.

다래의 전통적 활용 사례

다래는 단순히 생과로 섭취하는 것을 넘어 다양한 방식으로 활용되어 왔다. 다래의 잎과 어린줄기는 훌륭한 나물로 활용된다. 봄철에 수확한 어린잎은 끓는 물에 데친 뒤 무침 요리로 적합하며, 고소한 맛과 향이 특징이다. 이러한 나물은 단백질과 섬유질이 풍부해 건강한 식단을 구성하는 데 기여한다.

나는 한 번 다래 잎을 활용해 지역 농촌 체험 프로그램에서 나물 요리 시연을 한 적이 있다. 참가자들은 다래 잎이 주는 고유의 풍미에 감탄하며, 자연의 맛을 느낄 수 있었다고 말했다. 이처럼 다래는 열매뿐 아니라 잎과 줄기까지도 건강한 식재료로 활용 가능하다.

다래 나물

이른 봄, 다래의 어린순은 나물로 채취되어 말려 저장하거나 즉석에서 조리되었다. 묵나물로 활용된 다래 순은 장기 보관이 가능하며 겨울철 영양 보충원으로도 훌륭하다.

다래잎

다래 나물

다래 녹차

다래의 어린잎은 수증기로 살짝 쪄서 말린 뒤 다래 녹차로 가공할 수 있다. 이는 항산화 효과를 제공하며 일반 녹차보다 부드럽고 고소한 맛이 특징이다.

다래 잎으로 녹차 만들기

다래 수액

곡우 전후에 채취한 다래 수액은 신장병과 당뇨병 완화에 도움을 준다고 알려져 있다. 부저농원에서는 수액 채취 후 고객들에게 직접 제공하며 전통적인 활용법을 현대에 계승하는 사례를 보여준다.

다래 수액

수액 채취 : 자연이 준 에너지 음료

수액 채취

다래나무의 수액은 봄철에 채취할 수 있으며, 이 수액은 자연 그대로의 에너지 음료로 불릴 만큼 영양소가 풍부하다. 수액에는 철분 아미노산과 미네랄이 함유되어 있어 피로회복과 체내 수분 보충에 탁월한 효과를 보인다.

나는 봄철마다 다래나무 수액을 채취해 고객들에게 제공하는데 이는 농장 방문객들에게 특별한 경험을 선사하기도 한다. 한번은 수액을 맛본 방문객이 "자연의 생명력을 느낄 수 있다"고 말하며 감탄한 적이 있다. 이러한 경험은 다래의 가치를 소비자들에게 전달하는 중요한 계기가 된다.

다래 술

다래술(미후도주徽候桃酒)

잘 익은 다래는 독특한 맛이 있어 예로부터 미후도주라는 이름으로 다래를 발효시켜 술을 빚었다. 이는 오늘날 와인으로 발전했으며, 전북과 전남 지역의 농가에서는 다래 와인을 지역 특산품으로 개발해 농촌 경제 활성화에 기여하고 있다.

현대적 활용과 응용 가능성

가공품 개발

다래를 활용한 제품으로는 잼, 주스, 건과, 발효액, 식초 등이 있다. 특히 발효액과 와인은 다래의 단맛과 새콤한 맛을 강조한 건강 음료로 인기를 끌고 있다.

부저농원의 경험 토종다래 발효액, 식초는 연중(年中) 제일 잘 판매되는 제품이다. 건성피부, 피부 가려움증, 변비 환자들이 많이 호전되었다고 전화가 온다.

의료적 활용

다래 열매와 잎, 뿌리는 모두 약용으로 활용 가능하다. 특히 개다래 열매는 통풍 치료에 특효약으로 알려져 있다. 이를 기반으로 천연 의약품 개발 가능성이 제기되고 있다.

화장품 원료

다래의 항산화 성분은 피부 개선 효과를 지닌다. 이를 활용한 화장품 개발이 진행 중이며, 다래 추출물을 기반으로 한 보습 크림과 앰플이 출시되고 있다.

다래는 단순히 과일을 넘어 약용, 가공품, 음료 등으로 다방면에 걸쳐 활용 가능한 자원이다. 다래를 현대적 관점에서 재해석해 상품화한다면 지역 농업 활성화와 동시에 글로벌 시장에서 경쟁력을 확보할 수 있다. 특히 다래의 영양적 가치와 약리적 효능은 웰빙 트랜드와 맞물려 더 큰 주목을 받을 가능성이 크다. 앞으로 다래의 품종 개량, 가공 기술 개발, 시장 다변화를 통해 다래가 가진 잠재력을 극대화하고, 전통과 현대를 잇는 다리 역할을 할 수 있기를 기대한다.

다래의 재배 현황과 전망

한국의 과일 시장은 사과, 배, 복숭아 등 6대 주요 과종이 대부분을 차지하고 있어 다래와 같은 소과류는 상대적으로 재배 면적이 적고 상업화도 이루어지지 않았다. 다래의 재배 면적은 현재 약 60 헥타르로 추정되며, 주요 재배 지역으로는 강원도 원주, 영월, 평창을 비롯해 전남 광양, 전북 무주 등이 있다.

강원도가 재배 면적에서 두드러지는 이유는 지역의 특성과 관련이 깊다. 강원도는 산지가 많고, 겨울이 길며, 기온이 낮은 환경을 가지고 있다. 다래는 영하 32도에서도 견딜 만큼 내한성이 강해 이러한 환경에서도 잘 자란다. 또한 강원도의 산채 재배 농민들이 여름철 고온 현상으로 인해 산채를 그늘지게 하기 위해 다래를 보조 작목으로 심는 경우가 늘고 있다. 이와 같은 복합적인 이유로 강원도는 다래 재배에 유리한 조건을 제공한다.

다래의 재배 환경과 특징

다래는 양지와 음지 모두에서 잘 자라는 특성이 있다. 또한 대부분의 토양에서 적응이 뛰어나지만, 특히 토심이 깊고 비옥한 사질양토에서 최적의 생육 조건을 보인다. 하루 일조시간 중 절반은 양지, 나머지 절반은 음지로 유지되는 곳이 다래 재배에 이상적이다. 그러나 강산성 토양에서는 생육이 저하될 수 있어 토양 산도는 중성 상태를 유지하는 것이 바람직하다.

다래의 뿌리는 천근성으로, 뿌리 대부분이 지표면에서 10~30cm 사이에 분포한다. 이는 다래가 서리와 가뭄에 약한 이유 중 하나다. 건조할 경우 생장이 저하되거나 조기 낙엽 현상이 발생할 수 있어 건조기에는 적절한 물 관리를 해야 한다. 반대로 장마철에는 배수 관리가 중요하다. 배수가 제대로 이루어지지 않을 경우 열매부터 떨어지며 다래나무의 건강이 크게 손상될 수 있다.

토종다래의 재배와 관리

다래는 껍질이 얇고 후숙해야 맛있는 과일로, 저장성이 낮은 단점이 있다. 따라서 한 품종만 재배할 경우 수확 후 유통과정에서 품질 문제가 발생하기 쉽다. 수확 시에는 한 나무에서도 가지마다 숙기가 다른 특징이 있어 단계적으로 수확하는 것이 중요하다. 수확 후 다래는 소비자에게 최적의 상태로 전달되기 위해 후숙 과정

부저농원 남쪽 다래밭

부저농원 북쪽 다래밭

을 거치며 이는 판매 시기를 조절하는 데 유리하다.

부저농원의 경험 이를 해결하기 위해 조생종(10%), 중생종(70%), 만생종(20%)으로 품종을 구분해 심고 각 품종의 구역을 나누어 식재하고 있다. 이렇게 하면 수확 시기, 당도, 식감, 보관성, 용도에 따라 효율적으로 관리할 수 있다(단, 10그루 이내 심을 경우는 만생종 한 품목만 심어도 된다).

다래 품종의 다양성과 육종

국내에서 육종된 다래 품종은 현재 33종에 이른다. 주요 연구 기관과 육종가들이 품종 개발에 힘쓰고 있으며 대표적으로 다음과 같은 사례가 있다.

치악 품종(조윤섭 박사 최초 육종 품종)

광산 품종(강원도 농원기술원)

오텀센스(국립산림과학원)

대성 품종(국립산림과학원).

전남농업기술원 : 치악, 만수 등의 품종 개발.

국립산림과학원 : 대성,새한,오텀센스 등 5종.

강원도농업기술원 : 청산,광산 등 8종.

원주농업기술센터 : WAA-11등 2종.

개인 육종가 이평재 : 3종 외 3명

이 외에도 지속적으로 품종 개발이 이루어지고 있으며 새로운 품종들은 당도, 식감, 저장성 등의 면에서 기존 품종보다 개선된 특성을 보인다. 그러나 최근 유튜브 등에서 암수 혼합 품종이 검증되지 않은 채 홍보되는 사례도 있다. 국립품종관리센터에 등록되지 않은 품종은 병해충 저항성, 생육 특성 등이 불확실하기 때문에 농민들에게 혼란을 줄 수 있다. 검증된 품종을 선택해 재배하는 것이 안전하다.

최근의 재배 트렌드와 귀농인의 관심

남부 지역에서는 키위 재배 농가들이 점차 다래로 작목 전환을 시도하고 있다. 다래는 다른 과수에 비해 작업 단계가 적고, 병충해 방제 횟수도 적어 귀농 및 귀산인들이 선호하는 작목으로 떠오르고 있다. 또한 다래는 재배 관리가 비교적 쉬워 고령 농업인들에게도 적합하다. 예를 들어 강원도의 한 농가는 기존의 배나무 재배를 다래로 전환해 작업 시간을 절반으로 줄이는 동시에 수익성을 개선한 사례가 있다.

다래의 경제적 잠재력과 과제

다래는 아직까지 국내 과일 시장에서 소과류로 분류되어 주요 과종에 비해 소비량이 적다. 그러나 다래의 높은 영양가와 독특한 맛은 웰빙 트렌드와 맞물려 소비자들의 관심을 끌고 있다. 특히 다래는 항산화 효과와 비타민C 함량이 높고, 변비에 효과가 좋아 건강 식품 시장에서 가능성을 인정받고 있다. 다래의 유통과 가공 기술이 더욱 발전한다면, 다래는 국내를 넘어 글로벌 시장에서도 주목받는 과일이 될 수 있다.

토종다래는 자연 환경에 적응력이 뛰어나며 재배와 관리가 비교적 쉬운 작목이다. 또한 품종 다양성과 건강 효능 면에서 큰 잠재력을 지니고 있다. 앞으로 다래의 재배 면적 확대와 품질 관리 체계 구축, 가공 산업의 활성화를 통해 다래가 한국을 대표하는 과일로 자리매김하기를 기대한다. 다래는 전통과 현대를 연결하는 가교 역할을 하며 지속 가능한 농업과 지역 경제 발전에도 기여할 수 있을 것이다.

외국의 다래 재배 현황

토종다래와 유사한 종인 다래(Actinidia arguta)는 미국과 뉴질랜드 등지에서 활발히 연구되고 재배되고 있다. 이들 지역은 다래의 재배와 상업화에 있어 다양한 시도와 혁신을 도입하고 있으며, 한국의 토종다래 산업에도 많은 시사점을 제공하고 있다.

미국 동부지역의 다래 재배 산업

미국 동부지역, 특히 오리건주를 중심으로 다래 재배가 이루어지고 있다. 이 지역의 다래 산업은 약 25~30년의 역사를 가지고 있으며, 주로 20~30년생 나무로부터 생산이 이루어진다. 재배 품종 중 가장 널리 알려진 것은 아나나스나야(Ananasnaya) 품종으로, 흔히 "아나"라는 약칭으로 불린다.

주요 품종 특징

– 수확기 : 아나 품종은 수확 시 과피가 옅은 자색으로 착색되며 과육은 녹색과 흰색의 조화를 이루어 시각적으로도 매력적이다.
– 과형과 수확량 : 과형이 우수하며 식재 후 4~5년부터 주당 약 45kg의 수확이 가능하다.
– 수분수 필요 : 아나 품종은 수분수가 필요하며 이는 품질 높은 열매를 생산하기 위해 필수적인 요소이다.

소비처와 수출

미국 동부지역에서 생산된 다래는 주로 미국, 캐나다, 일본 등지로 유통된다. 특히 다래의 고유한 맛과 건강 효능이 강조되면서 건강지향적인 소비자들에게 인기를 끌고 있다.

한국과의 연계

한국에서도 다래는 의약품 개발 원료로 사용되며 한국 바이로메드사를 통해 냉동과일 형태로 연간 약 25톤이 수출되고 있다. 이처럼 다래는 단순히 과일로 소비되는 것을 넘어 산업적으로도 높은 잠재력을 보여준다.

뉴질랜드의 다래 재배 산업

뉴질랜드는 키위(Actinidia deliciosa) 산업으로 세계적인 명성을 얻은 국가로, 최근 들어 다래(Actinidia arguta) 재배에도 관심을 기울이고 있다. 다래는 뉴질랜드에서 잠재성이 높은 작물로 평가받고 있으며, 연구와 재배 면적 확장을 통해 지속 가능한 산업화 가능성을 탐색하고 있다.

주요 품종과 특성

뉴질랜드에서 재배되는 다래 품종은 풍산성이 특징으로, 과피와 과육이 수확기에 자주색으로 변하는 독특한 특성을 가진다. 이는 시각적 매력을 더해 소비자들에게 호평받고 있다. 과형은 끝이 뾰족하며 과일 무게는 6~22g으로 다양하다.

산업적 활용

뉴질랜드는 다래 재배를 단순히 농업 활동에 국한하지 않고 체험 농장으로 운영하며 관광과 가공 산업을 접목하고 있다. 체험 농장은 방문객들에게 다래 재배의 전 과정을 소개하고 다래를 활용한 기념품, 가공품, 식당 메뉴 등을 제공하며 부가가치를 창출하고 있다.

수출 시장

뉴질랜드에서 생산된 다래는 일본, 미국, 호주 등으로 수출되고 있다. 뉴질랜드는 다래를 고품질 농산물로 포지셔닝하며 글로벌 시장에서 브랜드화에 성공하고 있다.

출처 전라남도 농업기술원 조윤섭 박사님이 뉴질랜드 견학한 자료임. 조윤섭 박사님은 우리나라에서 최초로 품종을 개량한 분으로 광양에 토종다래가 정착하는 데 기여한 공로가 큰 분이다.

다래 산업의 국제적 시사점

미국과 뉴질랜드의 다래 재배 사례는 한국의 토종다래 산업에 여러 교훈과 가능성을 제시한다.

품질 관리와 유통

미국과 뉴질랜드 모두 다래 품질 관리에 엄격한 기준을 적용하며 수출 시장에서 소비자 신뢰를 구축했다. 한국의 경우에도 다래의 유통과 보관 문제를 해결하고 후숙 과정을 체계적으로 관리한다면, 국제 시장에서 경쟁력을 강화할 수 있다.

관광과 체험 농업

뉴질랜드의 체험 농장 운영 사례는 다래 재배를 관광 자원으로 활용할 가능성을 보여준다. 다래를 주제로 한 농장 체험 프로그램과 지역 축제를 도입하면 지역 경제 활성화에 기여할 수 있다.

품종 개발과 연구

뉴질랜드와 미국은 각각의 기후와 토양에 적합한 품종 개발에 힘쓰고 있다. 한국 역시 토종다래의 유전자원을 활용해 내병성과 내후성이 강화된 품종을 개발한다면 글로벌 시장 진출에 유리한 위치를 확보할 수 있다.

미국과 뉴질랜드의 다래 재배 현황은 다래가 단순히 지역 농산물이 아닌, 글로벌 농업 산업의 중요한 축으로 자리 잡을 수 있음을 보여준다. 한국의 토종다래는 이미 높은 영양가와 독특한 맛을 가지고 있으며, 이를 기반으로 체계적인 품질 관리, 품종 개발, 글로벌 마케팅 전략을 통해 세계 시장에서도 경쟁력을 갖출 수 있다. 다래는 전통과 현대를 연결하는 가능성의 열매로, 지속 가능한 농업과 지역 경제의 새로운 동력이 될 것이다.

3. 효능의 과학
: 건강을 담은 작은 열매 효능과 한방, 나물, 수액 채취

토종다래는 그 작고 소박한 외모와 달리 건강을 위한 놀라운 효능을 지닌 과일이다. 나는 이 작은 열매에 담긴 과학적 가치를 파악하며, 그 잠재력을 농업과 일상생활에 활용하기 위해 노력해왔다. 특히 한방에서의 활용, 나물로서의 가능성, 수액 채취 등 다양한 방면에서의 쓰임새를 살펴보면서 토종다래가 단순한 자연의 선물이 아니라 건강과 연결된 중요한 자원임을 실감했다.

백운산의 다래 자생지

내 고향 자랑 같지만 백운산은 토양과 기후 조건이 다래 생장에 매우 적합하다. 이 지역의 산지는 배수가 잘되는 토양 구조를 가지고 있으며, 온화한 기후와 적절한 강수량은 다래나무가 건강하게 자랄 수 있는 최상의 조건을 제공한다. 이러한 환경적 특성은 토종다래가 인위적인 개량 없이도 자생할 수 있는 생태적 회복력을 보여준다. 이는 현대 농업이 추구하는 지속 가능성과 맞닿아 있으며, 토종다래의 생물학적 보존과 활용 가능성을 더욱 부각시키고 있다.

백운산 자생지는 단순히 다래가 자라는 곳이 아니라, 토종다래의 생태적 가치와 환경 적응성을 학술적으로 연구할 수 있는 생태적 모델이기도 하다. 이 지역은 다래의 생장 패턴, 병충해 저항성, 자연 번식 과정을 관찰하기에 적합한 장소로 평가받고 있다. 이를 통해 토종다래의 보존 및 산업화에 필요한 과학적 데이터가 축적되고 있으며, 이는 토종다래를 세계 시장에 알릴 기반을 제공한다.

백운산의 다래 자생지는 또한 지역 주민들에게도 중요한 의미를 지닌다. 이곳에서 자생하는 다래는 지역 주민들에게 생계의 일부가 될 뿐만 아니라 지역 특산물로서 가치를 인정받고 있다. 최근에는 백운산 자생지를 기반으로 한 다래 재배와 가공품 생산이 지역 경제 활성화에 기여하고 있다. 발효액, 식초, 잼, 차 등 다양한 가공 제품은 지역 특산품으로 자리 잡으며, 백운산의 생태적 가치와 함께 토종다래의 중요성을 널리 알리고 있다.

백운산 자생지는 교육적 가치도 크다. 이 지역은 생태 교육과 자연 보존의 중요성을 알리는 장소로 활용되며 학생들과 연구자들에게 자연의 다양성과 중요성을 직접 경험할 기회를 제공한다. 이를 통해 토종다래의 생태적 중요성이 널리 알려지고 미래 세대에게 자연 보존의 필요성을 교육하는 장으로 활용되었으면 좋겠다.

항산화 작용 : 자연이 준 선물

토종다래는 높은 항산화 성분을 함유하고 있다. 특히 비타민C와 폴리페놀은 대표적인 성분으로, 이들은 활성산소를 제거하고 세포 손상을 방지하는 데 중요한 역할을 한다. 연구에 따르면 토종다래의 비타민C 함량은 뉴질랜드 참다래보다 2~3배 더 높다. 이는 피로 회복과 면역력 강화에 도움을 주며 노화를 억제하는 효과가 있다.

나는 다래를 가공한 발효액을 연구하면서 항산화 효과를 체감할 수 있었다. 예를 들어 3년 숙성된 다래 발효액을 섭취한 소비자들로부터 피부가 좋아졌다는 피드백을 받은 적이 있다. 이는 항산화 성분이 체내에서 제대로 작용하고 있음을 보여주는 사례였다.

국내에서 개량된 토종다래 품종의 영양성분을 분석한 연구에 따르면 오텀센스 품종의 비타민C 함량은 100g당 47.18mg으로 나타났다. 비타민C는 강력한 항산화제로 작용하여 체내에서 활성산소를 제거하고 면역력 증진, 피부 건강 유지 등에 기여한다.

또한 다른 연구에서는 토종다래 순(어린잎과 줄기)의 비타민C 함량이 100g당 42.57mg으로 보고되었다.

이러한 높은 비타민C 함량은 토종다래의 항산화 활성에 중요한 역할을 한다. 비타민C는 체내에서 항산화제로 작용하여 세포 손상을 방지하고 면역 체계를 강화하며, 피부 건강을 촉진하는 등 다양

비타민C, 항산화

토종다래발효액, 식초

한 생리 활성 기능을 수행한다.

따라서 토종다래는 높은 비타민C 함량과 항산화 활성을 지닌 과일로서 건강에 유익한 식품으로 평가될 수 있다.

소화 개선 위장 건강의 보물

토종다래는 소화 효소가 풍부하여 위장 건강에 탁월한 효과를 보인다. 특히 다래에 포함된 프로테아제는 단백질을 분해하는데 도움을 주어, 육류와 함께 섭취할 경우 소화를 촉진한다. 이러한 점은 전통 한방에서도 인정받아 다래를 위염이나 소화불량 치료에 사용하는 사례가 많았다.

나는 다래를 발효시키는 과정에서 유산균 발효를 통해 프로바이오틱스를 강화하는 방법을 개발했다. 발효 다래 음료는 장내 환경을 개선하는데 효과적이었으며, 이를 꾸준히 섭취한 사람들은 배변 활동이 원활해졌다는 이야기를 전했다. 이처럼 다래는 단순히 맛있는 과일을 넘어 위장 건강에 실질적인 도움을 주는 중요한 자원이다(변비에 효과가 좋았다).

면역력 강화 : 유기산과 비타민의 조화

다래는 유기산과 비타민C의 조화를 통해 면역 체계를 활성화한다. 유기산은 몸속 산도 조절과 독소 배출에 도움을 주며 비타민C는 면역 세포를 활성화시켜 외부 침입자로부터 신체를 보호한다.

나는 농장에서 수확한 다래를 활용해 유기산이 풍부한 다래 발효액을 만들었다. 특히 계절이 바뀔 때마다 감기 예방을 위해 이를 섭취하는 사람들이 많았는데, 이들의 면역력이 확연히 개선되었다는 피드백을 받았다. 이는 다래가 단순히 보조 식품이 아니라 건강을 위한 핵심 자원이 될 수 있음을 증명한다.

한방에서의 활용 : 약용 과일로서의 가치

전통 한방에서 다래는 폐 건강과 위장 질환 치료에 효과가 있다고 기록되어 있다. 특히 다래는 기관지 질환에 탁월한 효능을 보여 폐렴이나 만성 기침을 앓는 환자들에게 사용되었다. 나는 이러한 한방적 활용에 주목해 다래의 다양한 가공품을 개발하기 시작했다.

다래 잎을 말려 차로 우려낸 경우 폐를 따뜻하게 하고 가래를 줄이는 효과가 있었다. 실제로 내 농장에서는 이러한 다래 잎차를 판매하며 소비자들로부터 좋은 반응을 얻었다. 이처럼 다래는 단순한 과일을 넘어 약용으로서의 가치를 지닌다.

나물로서의 가능성 : 잎과 줄기의 활용

다래의 잎과 어린줄기는 훌륭한 나물로 활용된다. 봄철에 수확한 어린잎은 끓는 물에 데친 뒤 무침 요리로 적합하며 고소한 맛과 향이 특징이다. 이러한 나물은 단백질과 섬유질이 풍부해 건강한 식단을 구성하는데 기여한다.

나는 한 번 다래 잎을 활용해 지역 농촌 체험 프로그램에서 나물 요리 시연을 한 적이 있다. 참가자들은 다래 잎이 주는 고유의 풍미에 감탄하며 자연의 맛을 느낄 수 있었다고 말했다. 이처럼 다래는 열매뿐 아니라 잎과 줄기까지도 건강한 식재료로 활용 가능하다.

수액 채취 : 자연이 준 에너지 음료

다래나무의 수액은 봄철에 채취할 수 있으며, 이 수액은 자연 그대로의 에너지 음료로 불릴 만큼 영양소가 풍부하다. 수액에는 철분아미노산과 미네랄이 함유되어 있어 피로회복과 체내 수분 보충에 탁월한 효과를 보인다.

나는 봄철마다 다래나무 수액을 채취해 고객들에게 제공하는데

이는 농장 방문객들에게 특별한 경험을 선사하기도 한다. 한번은 수액을 맛본 방문객이 "자연의 생명력을 느낄 수 있다"고 말하며 감탄한 적이 있다. 이러한 경험은 다래의 가치를 소비자들에게 전달하는 중요한 계기가 된다.

건강 기능성 식품으로의 확장 가능성 : 자연이 준 건강한 선물

다래의 효능은 건강 기능성 식품 시장에서도 높은 가능성을 지닌다. 항산화 작용, 소화 개선, 면역력 강화 등 다양한 효과는 현대 소비자들이 원하는 웰빙 트렌드와 일치한다. 이를 활용해 다래를 원료로 한 음료, 젤리, 그리고 건강 보조식품 등 다양한 상품을 개발할 수 있다.

다래는 작고 소박한 열매로 보일지 몰라도 그 안에는 자연이 준 놀라운 건강 효과가 담겨 있다. 나는 다래를 재배하고 연구하며 이 열매가 가진 가능성을 직접 체감했다. 다래는 단순히 먹고 즐기는 과일을 넘어 건강과 자연의 조화를 상징하는 소중한 자원이다. 앞으로도 다래의 다양한 활용 가능성을 탐구하며 더 많은 사람들에게 이 작은 열매의 가치를 알리고 싶다.

다래 잼

다래 장아찌

2장 재배 기술

1. 토양 관리와 덕 설치
: 다래나무를 위한 최적의 환경

다래나무 재배의 성공은 적절한 토양 관리와 덕 설치에 달려 있다. 특히 다래는 천근성 뿌리를 가진 덩굴식물로 토양과 배수가 중요한 역할을 한다. 나의 재배 방식을 바탕으로 구체적인 재배 기술과 사례를 통해 다래나무의 생육 조건을 설명한다.

토양 관리 : 다래나무의 건강을 결정짓는 첫 단계

다래나무의 뿌리는 주로 지표면에서 10~30cm 깊이에 분포한다. 이러한 뿌리 특성은 다래나무가 건조와 과습에 취약하다는 점을 시사한다. 따라서 토양 관리에서 중요한 두 가지 요소는 배수와 수분 유지다.

배수 관리

다래 재배지는 산록부와 같은 경사진 지역이 적합하다. 논밭에 심을 경우 배수로를 깊게 파는 것이 필수적이다. 고랑과 두둑을 넓이 50cm×깊이 50cm로 조성하여 장마철에도 물이 고이지 않도록 해야 한다. 나는 장마철 도랑을 깊게 파서 배수를 강화함으로써 피해를 줄이는 데 성공했다. 요즘은 유공관을 땅속에 묻기도 한다.

토양 개량

점질토양이나 배수가 불량한 지역에서는 석회와 같은 토양 개량제를 2~3년 주기로 활용하거나 호밀을 3~5년 동안 파종하여 초생재배를 통해 점질토양을 개선할 수 있다. 토양 표면을 피복해 토양 유실을 방지하고 수분 증발을 억제하는 것도 효과적이다.

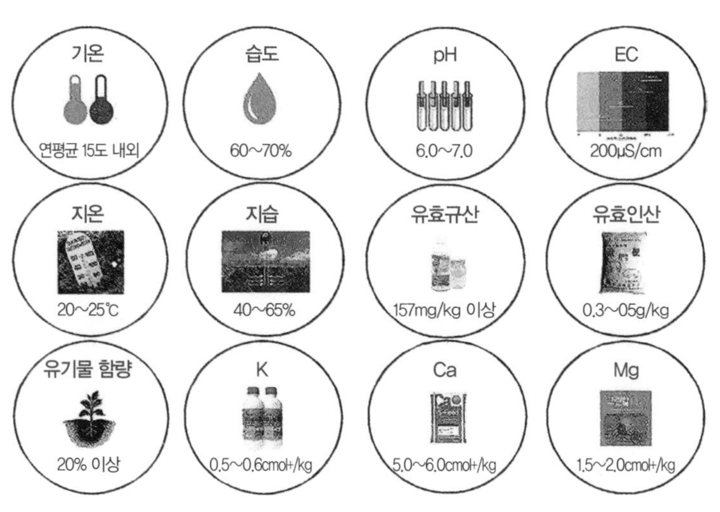

토종다래의 폴리페놀 함량과 항산화 작용

토양 물 부족, 가뭄으로 물이 부족하면 잎이 조기 낙과된다.

원주 S 농가

No.	토양 명칭	지온	지습	유효 규산	pH	EC	유기물 함량
-	최적 범위	20 ~ 25 ℃	40 ~ 60 %	157 mg/kg 이상	pH 6.0 ~ 6.5	200 μS/cm 이하	20 % 이상
1	1-1	26.6 ± 0.0	39.0 ± 0.0	30.7 ± 0.4	6.5 ± 0.1	102.9 ± 4.7	17.8 ± 0.5
2	6-2	27.6 ± 0.0	43.0 ± 0.0	23.7 ± 0.1	6.7 ± 0.1	86.9 ± 4.6	14.0 ± 0.3
3	9-3	28.3 ± 0.0	42.0 ± 0.0	25.9 ± 0.0	6.8 ± 0.0	134.3 ± 7.2	12.3 ± 0.3

→ 토종다래 당 함량 : 평균 5 brix

원주 H 농가

No.	토양 명칭	지온	지습	유효 규산	pH	EC	유기물 함량
-	최적 범위	20 ~ 25 ℃	40 ~ 60 %	157 mg/kg 이상	pH 6.0 ~ 6.5	200 μS/cm 이하	20 이상
1	6-9	25.3 ± 0.0	43.0 ± 0.0	158.8 ± 0.1	5.6 ± 0.0	73.7 ± 2.3	20.9 ± 0.3
2	3-15	25.2 ± 0.0	43.0 ± 0.0	181.3 ± 0.2	6.0 ± 0.2	69.2 ± 9.2	28.0 ± 0.4
3	7-24	26.6 ± 0.0	43.0 ± 0.0	196.8 ± 0.4	6.3 ± 0.1	80.3 ± 8.7	26.9 ± 0.0

→ 토종다래 당 함량 : 평균 12 brix

시험 농가의 토양 환경 인자 실측 데이터와 토종다래 당 함량간의 비교

퇴비와 미생물 활용

다래나무 식재 6개월~1년전 부터 퇴비와 흙을 혼합해 토양을 준비한다. 최근에는 시·군에서 제공하는 토양미생물을 활용하여 토양 생태계를 활성화하고 나무 생장을 촉진하는 사례도 있다.

다래나무 심는 시기와 방법

다래나무를 심기 위해서는 경사가 완만하고 배수가 잘 되는 산록부나 산기슭이 적합하다. 논이나 밭에 심을 경우 배수를 위해 도랑을 파는 것이 필수적이다.

심는 시기

【가을】 낙엽이 지고 난 뒤가 적기다.

【봄】 해빙 직후, 남부지방은 2월말 경~3월 초순, 중부 및 북부지방은 3월 중순경에 심는다.

구덩이 준비

- 식재하기 6개월에서 1년 전에 구덩이를 미리 준비한다.
- 구덩이 크기와 깊이는 1m×50cm로 하고 퇴비(유박, 토비타골드 등 2차 가공된 퇴비) 한 포와 흙을 골고루 섞어 넣는다.
- 이렇게 준비된 구덩이는 비가 스며들어 밑거름이 형성되므로 나무가 더 빠르게 성장할 수 있다.

심는 방법

- 식재 거리는 5m에서 6m로 유지한다(요즘 추세는 단위 면적당 나무 숫자를 많이 심는다).(사진1)
- 구덩이를 파고 나무뿌리를 사방으로 고르게 펼친다.(사진2)

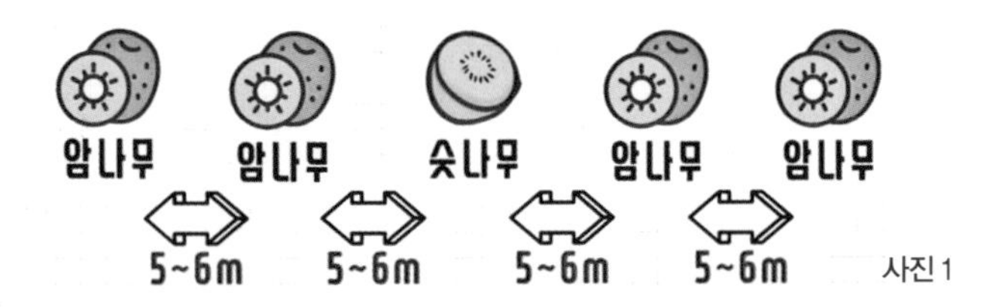

사진 1

사진 2 사진 3 사진 4 사진 5

- 뿌리 바로 윗부분까지만 흙을 1차로 덮은 뒤 물을 충분히 줘서 뿌리 사이사이에 흙이 스며 들게 한다.(사진3)
- 이후 2차로 흙을 덮고 나무 주변에 물 고랑을 만들어 빗물이 흘러가지 않도록 한다.(사진4)
- 마지막으로 물을 한 번 더 주면 나무가 죽을 가능성이 거의 없다.(사진5)

지주 및 보호 장치 설치

나무심기 완성된 상태

- 덩굴성 식물인 다래는 지주(꼬치대)를 세워 줄기를 고정시켜야 한다.
- 나무 심은 뒤 300mm 주름관을 높이 40cm로 잘라 설치하면 어린나무일 때는 통 안에 잡초만 제거하고 퇴비도 통 안에만 주어 관리하기 편하고 예초 작업 시 나무를 실수로 손상시키는 것을 방지할 수 있다.

부저농원의 경험 귀농 후 풀베기 작업 중 실수로 3년 이상 자란 나무를 베어버린 경험이 있었다. 이를 방지할 방법을 몇 달간 고민하다가 과거 건설업하면서 사용했던 주름관이 떠올랐다. 어린 나무에 주름관을 설치해 보니 효과가 매우 좋았다. 이후 농민 교육에서 매번 강조하는 중요한 노하우로 자리 잡았다.

상업적 재배 팁

- 상업적 재배를 위해서는 조생종 10%, 중생종 70%, 만생종 20%의 비율로 나무를 심는 것이 이상적이다.
- 품종별로 구분해 심으면 관리와 수확이 더욱 편리하다.

위와 같은 방법으로 다래나무를 심으면 건강하게 성장할 수 있으며 효율적인 관리와 생산성을 기대할 수 있다.

장뇌삼과 산나물 재배 방법

토종다래 재배지와 산림복합경영

- 토종다래 재배지는 반그늘 환경이 조성되어 있어 산림복합경영에 적합하다.
- 이러한 환경은 산나물 재배에 이상적이며 작업로 주변의 땅을 효율적으로 활용할수 있다.

산나물 재배

- 산나물은 씨를 뿌려두면 자연스럽게 잘 자란다. 특별한 관리가 필요하지 않아 손쉽게 재배 할 수 있다.

장뇌삼 재배

- 장뇌삼의 씨를 뿌린 뒤 예초 작업이나 전정 작업 시 밟지 않도록 경계 표시를 해야 한다.
- 씨를 뿌린 뒤에는 첫해는 약 절반 정도만 싹이 트고 5년 정도 자라면서 일부는 자연적으로 고사한다.
- 5년이 지나면 삼은 꽃을 피우고 열매를 맺는다.

수확과 맛

- 장뇌삼은 약 8년 동안 자란 뒤 겨울에 수확하는 것이 좋다.
- 재배 경험에 따르면 8년 된 장뇌삼은 쓴맛이 거의 없고 달짝지

근한 맛이 나며 섭취하기에도 좋았다.

위와 같은 방법으로 토종다래 재배지에서 산나물과 장뇌삼을 함께 재배하면 복합적인 농업 경영이 가능하며 효율적인 공간 활용으로 추가적인 수익을 기대할 수 있다.

취나물 곰취

장뇌삼 열매 장뇌삼 8년근

덕 설치 : 덩굴성 다래나무의 구조적 안정성

다래나무는 덩굴식물이기 때문에 덕 설치는 재배의 필수 요소다. 덕은 나무의 생장 방향을 통제하고 수확 및 관리의 편리성을 높인다. 나는 평덕형 덕 설치를 권장하며 설치 방법은 다음과 같다.

평덕형 덕 설치

- 기둥 설치 : 하우스용 파이프(지름 48mm)를 2.5~3m로 길이로 잘라 3~4m 간격으로 기둥을 세운다. 기둥은 50~70cm 깊이로 땅에 단단히 박아야 한다.(사진1)
- 기둥 연결 : 세운 기둥을 동일한 파이프(48mm)로 사방 연결한 뒤 크립으로 고정하면 튼튼한 구조가 완성된다.(사진2)
- 기둥 높이 : 작업자의 키에 맞게 조절 가능하며 일반적으로 작업자의 키보다 10cm 정도 높게 설정하면 작업이 편리하다.(사진3)

사진 1

사진 2

사진 3

- 상부 파이프 설치 : 상단에는 지름 22~25mm의 하우스용 파이프를 나뭇가지가 뻗는 방향과 반대로 설치한 뒤 크립으로 고정한다. 격자 형태의 설치는 비용이 많이 들고 전정 작업이 불편하므로 권장하지 않는다.(사진4~6)
- 바깥쪽 기둥 보강 : 외곽 기둥이 한쪽으로 기울어지지 않도록 48mm 파이프를 비스듬히 박아 고정한다.(사진7)
- 기둥의 침하 대비 : 시간이 지나면 기둥이 지반 침하로 인해 낮아질 수 있으므로, 지반이 약한 땅에서는 파이프 밑에 짧은 파이프를 격자로 고정해 안정성을 높인다.(사진8)

사진 4
사진 5
사진 6
사진 7
사진 8

자재 선택과 관리 편리성

- 강선이나 코팅 강선을 사용할 경우 3~4년 강선이 늘어나면 전문가의 도움이 필요하고, 다래나무 덩굴이 강선을 감아 관리가 어렵다. 겨울 전정 시 강선을 감고 있는 다래 덩굴을 잘라내야 하는 번거로움도 있다.
- 자재비 차이는 크지 않지만 인건비가 비싼 현실을 고려하면 파이프로 설치하는 것이 효율적이다. 파이프는 관리가 쉽고 새순 유인이나 덩굴 풀기가 용이하다.

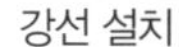

강선 설치

다래 덩굴이 강선 감은 상태

T형 덕 설치

- 적합한 지형 : 급경사나 계단형 지형에서 사용하기 적합하며 전정과 수확이 용이하고 기계화 작업이 가능한 생력 재배 방식이다.

– 단점 : 풍해에 약하며 평덕형에 비해 수확량이 30% 이상 감소하는 단점이 있다. 또한 강선을 사용하기 때문에 줄기가 꼬이거나 강선이 늘어나는 문제가 발생할 수 있다.

– 추천 : T형덕은 수확량이 30% 정도 줄어든다. 평덕형이 관리와 효율성 면에서 더 적합하므로 가능한 경우 평덕형 설치를 권장한다.

국립산림과학원 야외 포장 T형 덕

장기적인 경제성

평덕형 덕 설치는 초기 비용이 다소 높을 수 있지만, 관리 비용 절감과 생산성 향상을 고려할 때 장기적으로 경제적이다.

비용

2023년 기준 평덕 설치는 평당 5만 원 정도의 자재비, 인건비가 소요된다. 평덕형 덕 설치는 관리의 편리성과 내구성 측면에서 T덕형 보다 뛰어나며, 특히 파이프를 사용하는 방식은 장기적으로 효율적이다. 작업 환경과 재배 효율을 고려해 적합한 방식으로 덕을 설치하는 것이 중요하다.

부저농원의 경험 부저농원은 적절한 토양 관리와 덕 설치를 통해 다래나무 재배에 성공했다. 나는 산록부의 자연 경사와 배수를 최대한 활용하고, 점질토양을 석회와 호밀로 개량했다. 또한 파이프 기반 평덕형 덕을 설치해 수확 효율을 높였다. 부저농원은 이러한 관리 방식 덕분에 장마철 피해를 최소화하고 안정적인 생산량을 유지할 수 있었다.

다래나무 재배의 핵심 기술

토양 관리와 덕 설치는 다래나무 재배의 핵심 기술이다. 적절한 배수와 토양 개량, 그리고 효율적인 덕 설치를 통해 다래나무의 건강한 생장과 고품질 과일 생산을 보장할 수 있다. 우리 부저농원의 사례는 농업에서 계획적이고 체계적인 접근이 얼마나 중요한지를 보여준다. 나의 경험과 노하우는 다래나무를 재배하려는 모든 사람들에게 유용한 지침이 될 것이다.

2. 물과 영양
: 다래나무의 생명을 살리는 관리법

나무심기와 초기 식재 관리

다래나무를 건강하게 키우기 위해서는 적절한 물 관리와 영양 공급이 필수적이다. 다래나무의 뿌리는 주로 지표면에서 10~30cm 깊이에 분포하며 건조와 과습에 민감하다. 따라서 토양과 물 관리는 초기 식재부터 철저히 계획해야 한다.

나무를 심는 시기는 지역에 따라 다르다. 남부지방에서는 2월 말경~3월 초순, 중부 지방에서는 3월 중순에 식재한다. 식재 전에는 구덩이를 넓이 1m, 깊이 50cm 크기로 파고 퇴비를 섞어 6개월에서 1년전 부터 준비한다. 이 과정은 뿌리 생장을 촉진하고 나무가 빠르게 적응할 수 있도록 돕는다. 다래나무의 이상적인 식재 거리는 5~6m이다. 이는 나무 간의 공기 순환을 원활히 하고 햇볕이 잘 들어와 병해충 발생을 최소화한다. 식재 시 뿌리를 사방으로 펼친 뒤 1차로 흙을 덮고 충분히 물을 주어 뿌리가 흙과 밀착되어 공간이 생기지 않도록하고 주변의 공기를 제거한다. 이후 2차로 흙을 덮고 물을 주고 난 뒤 나무 주변에 물 고랑을 만들어 빗물이 고이도록 한다. 이 방법은 나무의 초기 정착률을 높이고 병충해를 예방하는 데 효과적이다.

물 관리의 중요성

다래나무는 물이 부족하면 잎의 광합성 기능이 저하되고 과실의 착과와 비대가 어려워진다. 반대로 물이 과도하면 뿌리가 산소부족으로 고사하고 나무 전체가 위축되거나 습해를 입을 수 있다. 따라서 적절한 물 관리는 다래나무 생육의 핵심이다.

물 공급 방식으로는 살수 관수, 점적 관수, 고랑 관수가 사용된다. 특히 점적 관수는 물 사용량을 절약하면서도 뿌리 주변에 균일하게 수분을 공급할 수 있어 효율적이다. 장마철에는 배수로를 미리 정비해 강우로 인한 습해를 방지해야 한다.

부저농원의 경험 평지에 있는 나무들이 장마철에 물에 잠겨 과실이 떨어지는 피해를 본 사례가 있다 이를 예방하기 위해 깊은 도랑을 파거나 유공관을 묻어 배수관리를 철저히 했다.

관정과 물탱크 관리

관정과 물탱크 관리는 농업 현장에서 매우 중요한 요소다. 다음은 이를 효율적으로 관리하기 위한 방법과 주의사항이다.

관정 설치와 지원 정보

- 관정 설치는 시·군 기술센터와 산림과에서 매년 보조사업으로 지원한다.
- 매년 1월에 공고가 나오고 2월 말에서 3월 초 사이에 농업, 농촌 및 식품산업정책심의회를 통해 지원 대상자가 결정된다. 이후 해당 농민에게 결과가 통보된다.

물탱크 설치 위치 선택

- 물탱크를 산 위에 설치하는 경우가 많지만 이는 몇 가지 문제를 초래할 수 있다.
- 관정에서 물탱크까지 물을 채우는 시간이 물을 주는 시간보다 2배 이상 길어져 전기료가 과도하게 증가하고 시간이 많이 걸린다.
- 태풍과 같은 자연재해 시 물탱크가 날아가는 피해 사례도 있다.

부저농원의 경험 물탱크를 관정 바로 옆에 설치하는 것이 효율적이며 관리도 훨씬 쉽다.

물탱크

겨울철 물탱크 보온 관리

추운 지방에서는 물탱크가 동파되지 않도록 보온 관리에 특히 신경 써야 한다.

이러한 방법은 물탱크와 관정을 효율적으로 운영하는 데 큰 도움을 줄 수 있다. 전기료를 절감하고 안전한 사용 환경을 조성하기 위해 이와 같은 조치를 고려하는 것이 바람직하다.

풀베기

다래밭 관리는 특히 초기 식재 후 2년 동안 잡초 관리가 중요하다. 다래는 덩굴성 식물로, 초기에 줄기를 안정적으로 유도하는 것이 생육에 큰 영향을 미친다. 시중에서 판매하는 2m짜리 꼬치대를 사용해 줄기를 유인하면 다래는 잘 자란다.

풀베기 관리

- 다래는 다른 과수에 비해 풀베기가 비교적 수월하다.
- 다래나무가 어릴 때는 그늘이 없어 잡초의 생장이 빠르므로 애초기로 연간 3회 정도 풀베기를 해야 한다.
- 성목이 된 뒤에는 연간 2회 정도 풀베기로 충분하다.

풀베기

재배 방식의 다양성

- 일부 지역에서는 멀칭 재배나 초성 재배를 활용하는 농가들이 있다.
- 멀칭 재배는 짚, 비닐, 기타 유기물로 재배지의 표면을 덮어 잡초 생장을 억제하고 토양 수분을 유지하는 방법이다.
- 초성 재배는 화본과 식물, 두과식물 등을 재배지에 조성해 잡초를 자연스럽게 관리하는 방식이다.
- 청경 재배는 재배지에서 잡초와 잡목을 모두 제거해 지표면을 깨끗이 관리하는 방법이다.

부저농원의 경험 부저농원에서는 멀칭이나 초성 재배를 시행하지 않는다. 대신 다래밭 북쪽에 인삼 씨를 군데군데 뿌려 인삼을 키우거나, 취나물 같은 나물류를 재배하고 있다. 이러한 방식은 추가적인 소득 창출과 생태적 조화를 이루는 데 기여하고 있다.

다래밭 관리는 재배 환경과 농가의 필요에 따라 다양한 방식으로 운영된다. 초기에는 잡초 관리에 집중하며 성목 단계에서는 효율적인 풀베기와 적합한 재배 방식을 선택해 지속 가능한 관리가 이루어질 수 있도록 한다.

영양 관리와 비료 시비

여름 시비

6월에서 7월은 새 가지가 자라고 과실이 비대해지는 시기로, 영양 보충을 위해 여름 시비를 실시한다. 이 시기에는 질소와 칼륨을 연간 비료 사용량의 20%만큼 추가로 공급한다.

가을 시비

가을에는 과실 결실로 인해 쇠약해진 나무의 수세를 회복시키고 저장 양분을 축적하기 위해 시비를 한다. 다만 가을 시비를 너무 이른 시기에 하면 2차 성장을 유발해 겨울철 동해 피해를 입을 수 있으므로 주의해야 한다.

부저농원의 경험 가을 시비는 전지 작업 전후에 불편함이 있어 전정이 거의 끝나는 1월 말경에 실시한다. 이 시기에는 일반 퇴비보다 4배 이상 강한 토비타 골드(20kg)나 유박 퇴비를 성목 한 그루당 한 포씩 준다. 이러한 관리로 다래나무가 필요한 영양을 안정적으로 공급받아 건강하게 성장할 수 있다.

수나무는 수세가 너무 강하기 때문에 5년에 한 번 정도만 시비를 한다. 이러한 방법은 다래나무의 영양 상태를 최적화하고 수세를 균형 있게 유지하는 데 효과적이다.

퇴비 살포

현장의 교훈과 지속 가능성

물과 영양 관리는 단순히 나무를 키우는 기술이 아니라 자연과 조화를 이루는 과정이고 잘못된 물 관리는 나무의 생육을 저해한다. 따라서 지속 가능한 농법을 통해 자연과 함께 성장하는 방식이 중요하다. 우리 부저농원처럼 지역 농업기술센터와 협력해 과학적인 관리법을 적용한다면, 다래나무는 더 건강하게 자라고 안정적인 수확량을 확보할 수 있다.

다래나무를 키우며 얻은 가장 큰 깨달음은 모든 나무는 그 환경의 일부로 조화롭게 자라야 한다는 것이다. 물과 영양 관리는 단순한 기술적 접근을 넘어 자연을 이해하고 함께 살아가는 철학적 토대가 된다. 이러한 철학이 다래나무 재배의 성공을 가져오는 열쇠다.

3. 병충해 방제
: 친환경적이고 효과적인 방법

병충해 방제(살충제)

다래나무 병충해 방제 방법 : 철저한 관리와 예방의 중요성

다래나무는 병충해에 상대적으로 강한 편이지만 몇 가지 주요 해충은 생육과 수확에 큰 영향을 미칠 수 있다. 효과적인 방제를 위해서는 시기 적절한 조치와 체계적인 관리가 필수적이다. 병충해는 과실의 상품성뿐 아니라 나무 전체의 생육에도 영향을 미치기 때문에 지속적인 관심과 노력이 요구된다.

주요 병충해와 구체적인 방제 방법

응애류와 녹응애

【피해 양상】 응애는 5월경 새잎이 나고 꽃이 핀 직후, 어린 열매와 잎을 집중적으로 공격한다. 이로 인해 잎 뒷면이 갈색으로 변하

고 말리며, 열매 껍질은 딱딱해져 상품 가치가 크게 떨어진다. 비록 열매 내부는 손상되지 않지만 외관 손상으로 인해 상품성이 저하된다.

응애 피해

【방제 시기】 – 꽃이 피기 2~3주 전
– 여름철 고온기 응애 발생 시.

【방제 방법】 꽃이 피기 전에 방제를 실시하면 응애 피해를 줄이면서도 벌의 수정을 방해하지 않을 수 있다. 부저농원에서는 5월 15일경 개화하므로 이를 고려해 4월 말에 방제를 진행한다. 여름철 고온기에는 응애 번식 속도가 매우 빨라지므로 5일 간격으로 약제를 교차 사용하며 3회 이상 방제해야 효과를 높일 수 있다.

【추천 약제】 – 응애류 : 아크라마이트, 파워샷, 가네마이트.
– 녹응애 : 파워샷, 모벤트.

박쥐나방

박쥐나방의 유충은 나무 줄기와 뿌리 근처를 침투해 손상을 준다. 이는 가지가 쉽게 부러지게 하는 주요 원인이다.

나방 피해

【피해 양상】 여름철 유충이 뿌리 근처와 줄기에 침투하여 결과모지와 분

지 부위를 갉아 바람에 쉽게 부러지게 만든다. 이는 나무의 구조적 손상으로 이어져 전체적인 수확량을 줄일 수 있다.성충의 길이는 34~45mm이고 암갈색 나방 9월에 알을 낳고 월동한다.

【방제 방법】 유충 방제를 위해 페니트로티온 등의 약제를 사용하며 나방의 서식지를 철저히 제거한다.

노린재

【피해 양상】 노린재는 연중 발견되지만 특히 8월과 9월에 집중적으로 발생한다. 성체의 몸길이는 1.1~6.5mm로 다양하며 체형은 납작한 형태에서 긴 막대 모양까지 여러 가지가 있다. 주로 과실에 피해를 주며 착과 후와 수확 직전에 피해가 가장 심각하다. 6월에서 9월 사이가 방제에 적합한 시기이다. 노린재는 열매를 흡입해 피해를 입히며 약제를 살포할 경우 이동성이 빨라 다른 곳으로 이동했다가 약효가 떨어진 뒤에는 다시 과실에 피해를 주는 특성이 있다.

노린재

【방제 방법】 과원 외곽에 플라스틱 통을 설치하고 목초액이나 크레솔 비누액 같은 기피제를 사용해 노린재를 유인 및 퇴치한다. 또한 포충망과 페

기피제

르몬 유인제를 활용하면 방제 효과를 높일 수 있다.

부저농원의 경험 갈색날개노린재와 썩덩나무노린재, 톱다리개미허리노린재를 대상으로 페르몬 유인제를 사용한 결과, 기피제보다 방제 효과가 뛰어난 것으로 나타났다(노린재 종류에 따라 트랩 종류가 다르다).

【추천 약제】

- 노린재류 : 스토네트, 가네마이트, 프라우스, 똑소리.
- 톱다리개미허리노린재 : 데스타, 데스플러스, 데시드, 델타시드.

톱다리개미허리노린재

갈색날개노린재와 썩덩나무노린재 트랩

미국선녀벌레

【피해 양상】 줄기와 잎에서 즙액을 흡수해 나무의 생장을 위축시키고 감로 분비로 과실과 잎에 그을음을 유발한다. 이는 과실의 외형뿐 아니라 품질에도 영향을 미쳐 상품성을 크게 저하시킨다.

【방제 방법】 총채벌레, 깍지벌레, 노린재류에 사용하는 약제로 방제가 가능하다.

깍지벌레류

【피해 양상】 깍지벌레는 밀식 재배로 인해 햇빛과 통풍이 부족한 환경에서 발생한다. 가지에 알을 낳아 나무의 생장을 저해하며, 심각한 경우 나무의 생명력까지 위협할 수 있다.

깍지벌레

【방제 방법】

- 겨울철 휴면기에 기계유와 황토유황합제를 살포한다.
- 발생 초기에는 장갑을 착용해 깍지벌레를 문질러 제거하며 알이 붙은 가지는 전정 가위를 이용해 잘라낸다.

총채벌레

【피해 양상】 총채벌레는 날개가 달린 미소곤충으로, 몸 크기가 0.6~1.2mm에 불과해 매우 작다. 몸체는 등 부위가 납작하거나 원통형을 띤다. 이 해충은 식물의 즙액을 흡수해 손상을 주며 과일에 바이러스를 전파하기도 한다. 특히 식물체 조직 내에서 기생하거나 서식하면서 피해를 발생시킨다.

【방제 방법】 총채벌레를 잡는 전용 약제를 사용하며 감염 초기 빠르게 대응한다.

낙과 방지

【방제 방법】 만개 후 20일 이내에 화방 침지 처리를 실시해 낙과를

방지한다. 이를 위해 PLS 약제인 리테인을 사용하면 효과적이다.

방제의 성공을 위한 필수 조건

전정가위 소독

전정 작업 전후에는 가위를 철저히 소독해 나무 간 병원균 전파를 방지해야 한다. 알코올을 묻혀 화염살균을 실시하며 작업 후 상처 부위에는 톱신이나 실바코 같은 도포제를 발라 감염을 예방한다.

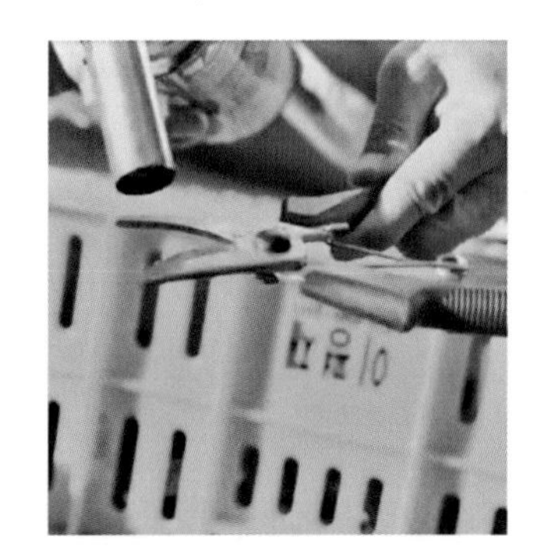

부저농원의 경험

- 잔가지 전정에는 절삭력이 좋고 가성비가 뛰어난 아로스 제품이 효과적이었다.
- 굵은 가지 전정에는 사용 편의성과 가성비가 우수한 피스카스 제품이 적합했다.
- 국산 제품을 애용하려 했으나, 날이 쉽게 무뎌지고 날 사이가 벌어져 사용이 어려운 점이 아쉬웠다. 앞으로 품질 좋은 국산 제품이 출시되길 기대한다.

통풍과 햇빛 관리

과수원 내 통풍과 햇빛 투과를 개선하면 병충해 발생을 효과적으로 줄일 수 있다. 밀식 재배를 피하고 가지를 적절히 정리해 공기 흐름을 원활히 한다.

다래나무 병충해 방제는 단순히 약제를 사용하는 것에 그치지 않는다. 환경과 재배 조건을 철저히 관리하고 예방적 조치를 병행해야 병충해를 최소화할 수 있다. 체계적인 방제 방법과 지속적인 관찰을 통해 고품질의 다래를 생산하는 것이 가능하다. 자연과의 조화를 이루며 예방과 치료를 동시에 고려한 농업적 접근이 병충해 방제의 핵심이다.

병충해 방제(살균제)

궤양병

- 토종다래나무에서는 아직까지 궤양병이 재배상 큰 문제가 된 사례가 없다.
- 그러나 키위나무의 경우 궤양병에 감염되면 가지나 줄기에 균열이 생기고, 3~5월에는 붉은색의 세균 유출액이 흘러나와 마치 피가 흐르는 것처럼 보인다.
- 잎에는 5월경 0.2~0.5cm 크기의 암갈색 무늬가 생기거나 0.2~1cm 크기의 노란 반점이 나 타난다.
- 줄기에 병이 심해지면 나무의 일부 또는 전체가 시들어 죽거나 나무의 생육이 크게 위축된다.
- 특히 경상남도 해안가와 전라남도 남부 지역의 키위 농가에서 피해가 많다. 심할 경우 폐원을 해야 하는 사례도 늘어나고 있다.

- 이 병의 주요 원인은 키위가 자연 수정을 하기 어려워 초창기에 뉴질랜드와 중국에서 꽃가루를 수입해 사용했는데, 오염된 꽃가루에서 병이 시작된 것으로 추정된다.
- 궤양병 감염 농가는 방문하지 않는 것이 중요하다. 감염된 나무는 즉시 뿌리째 뽑아 태워서 땅속에 묻어야 하며 약제를 사용해 방제해야 한다.
- 방제 약제로는 아그리마이신 수화제, 코사이드 수화제, 농용신-쿠퍼 수화제, 가스신액제 등이 있으며, 1천 배로 희석해 3월 하순부터 살포한다. 또는 아그리마이신이나 아그렙토 액제를 사용해 수간주입 방식으로 방제한다.

점무늬병

- 6월부터 잎에 발생하기 시작하며 8월에 급격히 증가한다.
- 증상은 갈색 잎마름, 회갈색 둥근 무늬, 은회색 잎마름, 암갈색 둥근 무늬 형태로 나타난다.
- 방제 약제로는 베노밀 수화제, 후루디옥소닐 액상이 효과적이다.

잿빛곰팡이병

- 개화 후 꽃잎이 떨어지는 시기에 꽃잎과 어린 과실에 잿빛 곰팡이가 붙어 발생한다.
- 장마철에는 잎이 감염되어 담갈색 반점이 생기고 병이 심하면 조기 낙엽이 발생한다.

– 수정이 완료된 뒤 지오판 수화제를 살포하면 방제 효과가 좋다.

과실무름병

– 장마철 감염되며 수확 후 저장 및 유통 중에 발생한다. 과숙썩음병과 꼭지썩음병 두 가지 유형이 있다.
– 과숙썩음병은 과실 표면에 갈색 윤문이 생기고, 주변이 유백색으로 변하며, 과육이 물렁해지고 썩어간다.
– 꼭지썩음병은 과실 꼭지에서 발생하며 과육이 물러지고 과피에 흰 곰팡이가 핀다.
– 과실에 상처가 나지 않도록 주의하며 저장 및 숙성 시 온도와 통풍 관리를 철저히 해야 한 다.
– 방제 약제로는 베노밀 수화제, 티오파네이트메틸 수화제, 디페노코나졸 액상수화제를 6월 중순부터 10일 간격으로 4~5회 살포한다.

기타 병해

– 흰가루병, 탄저병, 세균성 점무늬병, 뿌리혹병 등이 있지만 토종다래는 병충해에 강한 편이다.

부저농원의 경험 부저농원에서는 초창기 나무 수가 적었을 때 몇 년간 약을 사용하지 않고도 재배했다. 이후 유기농 재배로 전환했다. 토종다래는 추위와 병해충에 강하며, 잎이 나고 열매가 맺은 직후 응애 방제를 한 뒤 여름철 노린재 방제를 추가하면 수확까지 2달 동안 별다른 문제가 없었다.

용도	색
살균제	분홍색
살충제	녹색
제초제	황색
비신댁싱 제초제	적색
생장 조절제	청색
기타학제	백색
혼합제 및 동시 방제용 농약	해당 농약 색깔 병용

드론 약 살포

방제(약 살포)

포충망

용도에 따른 농약의 마개와 라벨의 바탕색

나이 든 귀농, 귀산인이나 게으른 농부들, 관리에 부담을 느끼는 분들에게 적합한 작목이라고 생각한다.

병충해 관리에서 예방과 적절한 약제 사용은 필수적이다. 그러나 토종다래는 다른 작물에 비해 병해충에 강한 편이라 관리 부담이 적고 자연 친화적인 재배가 가능하다.

시기	1월	2월	3월	4월	5월	6월	7월	8월	9월	10월	11월	12월
	상 중 하	상 중 하	상 중 하	상 중 하	상 중 하	상 중 하	상 중 하	상 중 하	상 중 하	상 중 하	상 중 하	상 중 하
생육 상태	휴면	수액유동기	눈 성장·발달	개엽·신초생장	개화 결실	과실비대기			수확		낙엽	휴면
주요 작업			유기질 비료 사용 경운작업, 지주 설치	묘목 식재	가지 결속							수형유도 동계전정
	수형 유도·동계 전정		시비						수확·후숙			
	기계유유제로 해충 월동기 알 제거				병해충 방제							
					배수시설 점검(장마철), 관수(고온건조기), 제초							
병 발생						점무늬병(잎)						
							검은썩음병(열매)					
								그을음병(열매), 탄저병(열매)				
								무름병(열매)				
해충 발생					노린재류(톱다리개미허리노린재, 썩덩나무노린재, 갈색날개노린재 등) 돌발해충(갈색날개매미충, 꽃매미, 미국선녀벌레, 미국흰불나방 등)							
							응애류(전박이응애, 녹응애 등)					
						총채벌레, 깍기벌레류(솔깍지벌레, 뽕나무깍지벌레 등)						
							박쥐나방(줄기), 나방류 유충(열매)					

3장

품종 육종과 발전

토종다래는 우리 산천에서 오랜 세월 자생해 온 고유의 과일이다. 이 작은 열매는 단순히 과일 이상의 의미를 지니고 있다. 그것은 우리의 자연과 전통을 대변하며, 동시에 농업의 미래와 잠재력을 상징하는 존재다. 그러나 아무리 우수한 유전적 자원을 지닌 과일이라 해도, 이를 세계적인 작물로 자리 잡게 하기 위해서는 지속적인 연구와 품종 육종이 필수적이다.

나는 품종 육종이 단순히 농업 기술의 연장이 아니라, 농업인의 열정과 끈기, 그리고 창의적 사고를 요구하는 예술적 과정이라고 믿는다. 특히 글로벌 시장에서 경쟁력을 갖춘 품종을 개발하기 위해서는 단순히 생산성과 품질을 높이는 것에 그치지 않고, 소비자들이 원하는 특성과 스토리를 담아야 한다. 다래의 품종 육종은 바로 이러한 과정 속에서 시작되었고, 수많은 시행착오와 인내, 그리고 끊임없는 관찰과 연구를 통해 이뤄졌다.

이야기의 시작은 단순했다. 백운산 깊은 산골에서 시작된 토종다래 군락지의 가능성을 발견하면서, 나는 이 열매가 가진 잠재력을 믿게 되었다. 백운산은 해발 1,222m에 달하는 산으로, 약 10만 평에 이르는 넓은 지역에 다래나무가 자생하고 있었다. 이곳의 다래나무는 덩굴식물이라 다른 나무를 타고 자라야만 열매를 맺는다. 하지만 이 특성 때문에 사람들은 열매를 따기 위해 다래 줄기를 절단하며 자생지를 훼손했고, 다래 군락지는 점차 멸종 위기에 처하게 되었다. 나는 이 위기를 기회로 삼기로 했다.

육성 경과

2006년 : 재료수집

다래의 가치를 알리고 이를 보존하기 위해 백운산에서 수십여 개체를 무작위로 수집했다. 건강한 줄기와 뿌리 일부를 채취하여 내 농장에 옮겼고, 이를 통해 다래 육종을 본격적으로 시작했다. 그렇게 2006년부터 시작한 일이었다. 나는 다래의 생육과 결실 특성을 관찰하며 그중에서도 가장 생육이 왕성하고 과실 특성이 우수한 개체를 선발해 삽목 증식을 시작했다.

2007~2009년 : 재배관리, 최초 결실 확인

식재한 다래를 재배관리 하던 중 2009년 최초 결실되는 것을 확인하였다. 결실을 확인했을 때의 감격은 아직도 잊을 수 없다. 나는 이때를 기점으로 본격적으로 대립다수형 우량 개체를 선발하는 작업에 들어갔다.

2010년 : 육종목표 설정,삽목 증식

다래 열매 성숙기, 열매의 모양, 크기, 향 등을 조사하던 중 일반 다래에 비해 열매의 크기가 크고 9월 말에서 10월 초에 성숙하며 당도가 높은 개체(18~24브릭스)를 생과 및 샐러드용 만생 품종으로 육성하기 위해 삽목을 통하여 3개체를 증식하였다.

2011~2015년

증식 개체를 재배관리 중 다른 품종과의 비교를 위해 2015년 국립산림과학원에서 개발한 품종 오톰센스의 성목을 구입하였다.

2016~2018년 : 특성비교, 영양 증식

2016년 대조품종 오톰센스와 비교, 관찰한 결과 오톰센스의 열매가 과경 당 최대 3개까지 달리는 것과 비해 선발개체는 1개만 달리고, 열매 선단부(과정부)가 돌출되지 않는 특징이 뚜렷하게 구분된다.

2017~2018년까지

지속적으로 확인한 결과 상기 특성이 유지됨을 확인하였다. 2017년도에 삽목을 통하여 30주 증식하였다.

2019년 : 특성조사, 명칭부여 및 출원

품종출원을 위한 특성조사를 수행하여 품종명칭을 리치선셋으로 명명하여 품종보호 출원하였다.

2020~2022년

3작기에 걸쳐 재배시험 결과 2023년 품종보호권등록증을 받았다.

하지만 이를 현대 농업과 글로벌 시장에서 인정받는 품종으로 발전시키기 위해서는 오랜 시간과 노력이 필요했다. 삽수를 채취하여 클론 검정과 적응성 검정을 거친 뒤, 세 가지 품종을 개발하게 되었다. 이 품종이 바로 리치모닝, 리치캔들, 리치선셋이다. 이들은 단순히 품종 이름이 아니라, 나의 열정과 꿈, 그리고 농업인으로서의 사명이 담긴 결과물이다.

3장에서는 내가 개발한 리치모닝, 리치캔들, 리치선셋이라는 세 가지 혁신적인 품종의 탄생 과정을 다룬다. 각각의 품종은 다래가 가진 잠재력을 극대화하기 위한 나의 노력과 결실을 보여주는 결과물이다. 이 장을 통해 품종 육종이라는 과정이 단순히 새로운 과일을 만드는 데 그치는 것이 아니라 농업의 가능성을 확장하고, 지역 농업과 생태계를 보존하며, 더 나아가 글로벌 시장에서 한국 농업의 위상을 높이는 일이라는 점을 이야기하고자 한다.

백운산 다래 멸종 위기

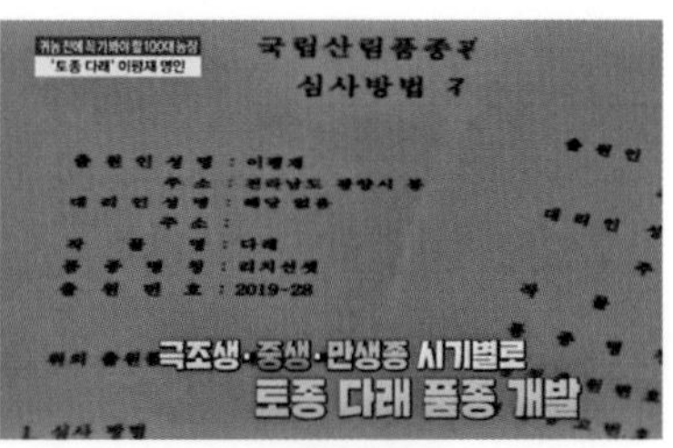

3개 품종 등록

1. 리치모닝, 리치캔들, 리치선셋
: 세 가지 혁신 품종의 탄생

다래 육종은 오랜 인내와 노력의 결과를 요구하는 작업이다. 나는 17년 동안 토종다래의 잠재력을 최대한 끌어올리고 새로운 품종을 만들어 우리나라 농업의 자부심을 세계로 확장하고자 했다. 이 과정에서 탄생한 리치모닝, 리치캔들, 리치선셋은 단순히 품종의 발전을 넘어 다래 산업의 새로운 길을 여는 열쇠가 되었다. 이 세 가지 품종은 각각 조생종, 중생종, 만생종으로 각기 다른 특성과 강점을 통해 농업인들에게 다양성과 가능성을 제공한다.

리치모닝(조생종) : 품종 육종의 도전과 열매

나는 다래의 조생품종을 개발하는 과정에서 단순히 더 빠른 수확을 가능하게 하는 것 이상의 가치를 창출하려 했다. 리치모닝은 이러한 도전의 결과물로 한국 토종다래가 가진 가능성을 세계적으로 알릴 수 있는 첫걸음이었다. 이 품종의 탄생은 지난 10여 년간의 연구와 시행착오를 통해 얻은 성과물이며, 농업 현장에서 얻은 경험과 자연에 대한 깊은 이해가 녹아들어 있다.

조생종 선발의 시작 : 생육과 숙기 관찰

2010년 나는 다래의 다양한 개체를 조사하던 중 숙기가 한 달 이상 빠른 몇몇 개체에 주목했다. 열매의 성숙기와 모양, 크기, 향 등을 면밀히 관찰하며 이 개체들이 조생품종으로 발전 가능성이 크다고 판단했다. 이러한 가능성을 현실화하기 위해 삽목을 통해 두 개체를 증식하고 본격적인 육종 과정을 시작했다.

조생품종 개발에서 가장 중요한 요소는 대조품종과의 비교였다. 이를 위해 2015년 국립산림과학원에서 개발한 오텀센스를 성목을 구매해 내 농장에 식재했다. 이 품종은 조생종 육종 과정에서 기준점을 제공하는 데 필수적이었다. 2016년부터 시작된 비교 실험에서 선발된 개체들은 오텀센스보다 숙기가 현저히 빠른 것으로 나타났다.

대조품종인 오텀센스는 열매가 8월 20일에서 9월 10일 사이에 성숙한 반면 내가 선발한 개체들은 7월 20일에서 8월 10일 사이에 성숙했다. 이는 조생종 개발이 농업 현장에서 얼마나 중요한 가치를 지니는 지를 명확히 보여주는 데이터였다. 이 차이는 단순히 숙기만의 문제가 아니었다. 조생종은 기후 변화와 소비자의 요구에 대응하기 위한 농업적 혁신의 결과물이었다. 더운 여름철 소비자들은 신선한 과일을 더 빨리 즐기고 싶어 했고, 시장에서는 조기 출하로 경쟁력을 확보할 수 있었다. 선발 개체의 숙기가 기존 품종보다 한 달 이상 앞섰다는 사실은 조생종 개발의 당위성과 실용성을 강력히 입증한 사례로 자리 잡았다.

이러한 연구 과정은 내가 육종가로서 지향해야 할 방향성을 더욱 명확히 했고 품종 개발에서 대조품종이 얼마나 중요한 기준이 되는지 다시금 깨닫게 해준 값진 경험이었다.

품종의 특징 : 열매와 성장

조생종으로 선발된 이 개체들은 기존 다래 품종과는 확연히 구별되는 특징을 가지고 있었다. 우선, 열매의 크기와 모양이 균일하여 시각적으로도 뛰어난 품질을 자랑했다. 특히 일반 다래에 비해 풍부한 향은 소비자들에게 한층 더 매력적인 맛과 향을 제공할 수 있

리치모닝 잎

리치모닝 꽃

리치모닝 꽃잎

리치모닝 열매

리치모닝 삽목

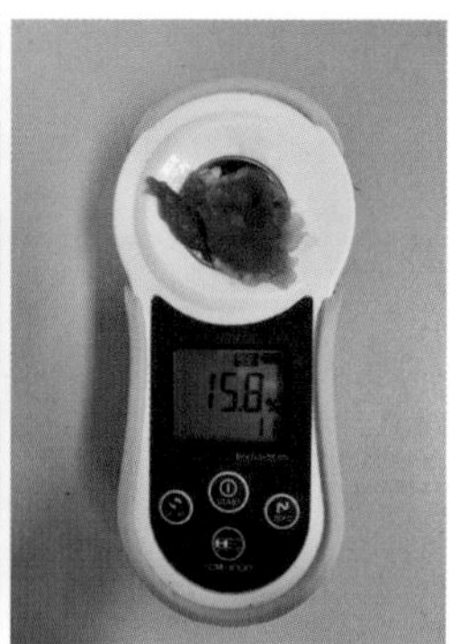

당도15.8

었다. 가장 두드러진 장점은 숙기가 빠르다는 점이었다. 이러한 특성은 조생종 다래가 소비자들에게 신선한 과일을 조기에 제공할 수 있는 가능성을 열었으며, 여름철 과일 시장에서 독보적인 경쟁력을 확보할 수 있는 계기가 되었다.

조기 수확이 가능한 리치모닝 품종은 여름 과일로서의 새로운 가치를 창출했다. 7월 말에서 8월 초라는 이른 수확 적기는 기존 다래 품종보다 한 달 이상 앞서, 여름철 과일 수요가 가장 높은 시기에 맞춰 시장에 공급할 수 있었다. 이는 소비자들이 신선한 다래를 가장 필요로 할 때 제공할 수 있는 경쟁력을 강화하는 동시에, 농가의 소득 창출에도 크게 기여할 수 있었다.

2017년부터 2018년까지 나는 이 품종의 수확 적기를 지속적으로 관찰하며 그 안정성과 품질을 검증했다. 매년 다양한 환경 조건에서 데이터를 수집하고, 열매의 숙기와 품질 변화, 수확 후 보관성을 분석했다. 선발 개체의 수확 적기가 일정하게 유지되며 기존 품종과의 차별성을 명확히 보여주는 결과를 얻었다. 이는 단순히 조생종이라는 이름에 그치지 않고 실제 농업 현장에서 활용 가능한 품종으로서의 가능성을 입증한 중요한 성과였다.

이 품종은 단순히 숙기가 빠르다는 점에서 그치지 않았다. 리치모닝은 수확 후 보관성이 우수하며 유통 과정에서도 품질을 유지할 수 있었다. 이는 농가와 유통업체 모두에게 안정성을 제공하며 소비자들에게는 신선한 상태로 다래를 전달할 수 있는 장점을 제공했다.

조생종 육종의 성공은 다래 품종의 다양성을 확대하고 농업적 혁신의 새로운 가능성을 열었다.

증식과 명명 : 리치모닝의 탄생

2019년 봄 나는 조생종 개체를 본격적으로 증식하기 위해 접목과 삽목을 병행했다. 약 20주의 묘목을 생산하며 품종 출원을 위한 특성 조사를 진행했다. 이 과정을 통해 조생종의 우수한 특성이 안정적으로 나타남을 확인했고, 이를 바탕으로 이 품종을 리치모닝으로 명명했다. 리치모닝이라는 이름에는 아침 햇살처럼 상쾌하고 신선한 이미지를 담고자 했다.

품종 출원 과정은 단순히 행정적 절차를 넘어 품종의 정체성과 가치를 확립하는 과정이었다. 나는 리치모닝이 조생종으로서의 우수성을 인정받고 한국 다래 산업에 새로운 가능성을 열어주길 바랐다. 이를 위해 특성 조사와 증식을 통해 안정성을 확보하는 데 전력을 다했다.

리치캔들(중생종) : 다수확성과 품질의 조화

다래 품종 육종을 하면서 나는 단순히 좋은 열매를 생산하는 것을 넘어 소비자와 재배 농가 모두에게 도움이 되는 품종을 개발하고자 했다. 리치캔들은 다수확성과 독특한 향, 적절한 숙기로 주목받으며 중생종 다래의 새로운 가능성을 보여주는 품종이다. 이 품종의 탄생은 다래 육종의 도전과 성과를 잘 나타내는 사례이며, 나의 경험과 노력이 응축된 결과물이다.

선발 과정 : 다수확성을 중심으로

2010년, 나는 열매의 성숙기와 모양, 크기, 향 등을 면밀히 조사하며 일반 다래와 차별화된 특성을 가진 개체를 선별하기 시작했다. 이 과정에서 유독 하나의 과경에 많은 열매가 달리고 열매의 성숙기가 8월 10일부터 8월 30일 사이인 개체들이 눈에 띄었다. 이 개체들은 열매의 향이 일반 다래보다 강하고 독특하며 과실 모양이 다소 납작한 특징을 가지고 있었다. 나는 이러한 개체들을 다수확성과 착즙용 품종으로 발전시킬 가능성을 발견했다.

이후 선발된 개체들 중 유망한 4개체를 삽목을 통해 증식하고 본격적으로 품종 육종 과정을 진행했다. 다수확성은 농가의 생산성을 극대화하는 데 필수적인 요소이며 이는 다래의 경제적 가치를 높이는 핵심 조건이었다. 특히 하나의 과경에 7개 이상의 열매가 달리는 선발 개체는 이러한 목표를 실현할 수 있는 가능성을 충분히 가지고 있었다.

리치캔들 잎

대조품종과의 비교 : 차별화된 특성

리치캔들의 특성을 확인하기 위해 대조품종과 비교 실험을 진행했다. 대조품종의 숙기는 리치캔들과 유사했지만 열매 모양과 향에서 확연한 차이를 보였다. 리치캔들의 열매는 일반 다래보다 다소 납작한 형태를 가지고 있었고, 과경당 착과량이 월등히 높았다. 특히 열매의 향은 기존 품종보다 훨씬 진하고 독특해 착즙용으로도 적합했다.

리치캔들 꽃

대조품종과의 비교 실험은 리치캔들의 우수성을 입증하는 데 중요한 데이터로 작용했다. 이 과정을 통해 리치캔들은 단순히 다수확성을 가진 품종을 넘어 소비자와 생산자가 모두 만족할 수 있는 품질과 생산성을 겸비한 품종으로 자리 잡았다.

육종 과정 : 증식과 안정성 검증

리치캔들을 육종하는 과정에서 나는 증식과 안정성 검증에 많은 노력을 기울였다. 2010년부터 선발된 개체를 삽목을 통해 증식하며 본격적으로 품종 개발을 진행했다. 4개체를 중심으로 재배하면

리치캔들 꽃잎

리치캔들 열매

리치캔들 묘목

서 생육 특성과 열매의 품질을 지속적으로 관찰하고 농업 환경에 대한 적응성을 평가했다.

특히 리치캔들의 다수확성과 향의 독특함은 착즙용으로 적합한 품종으로 발전시키는 데 중요한 요소였다. 착즙용 품종은 열매의 크기나 모양보다 당도와 향이 중요한데, 리치캔들은 이러한 조건을 충족시키며 기존 다래 품종과는 다른 가치를 제공했다.

품종의 명명과 출원 : 리치캔들의 탄생

품종의 특성이 안정적으로 검증된 뒤 나는 이 품종을 리치캔들로 명명하고 품종 출원을 진행했다. 리치캔들이라는 이름은 열매가 사탕같이 달콤하고 향기로운 이미지를 연상시키며 품종의 독특함과 우수성을 강조하기 위해 붙인 이름이다. 나는 이 품종이 한국 다래 산업의 발전에 새로운 가능성을 제시하길 바라며 품종 출원을 통해 공식적으로 그 가치를 인정받고자 했다.

리치캔들의 의의와 미래

리치캔들은 단순히 다수확성을 가진 품종을 넘어 착즙용으로도 적합한 품종으로 자리 잡았다. 이는 농가들에게는 생산성을, 소비자들에게는 품질을 제공하는 품종으로 다래 산업의 새로운 방향성을 제시하는 데 기여할 것이다. 나는 이 품종이 중생종 다래의 대표 품종으로 자리 잡아 한국 다래가 글로벌 시장에서 경쟁력을 갖추는 데 중요한 역할을 하리라 확신한다.

리치캔들은 나에게 품종 육종의 중요성과 가능성을 다시금 깨닫게 해준 품종이다. 품종 개발은 단순히 한 품종을 만들어내는 작업이 아니라 농업의 새로운 가치를 창출하고 이를 통해 농업의 미래를 열어가는 과정이다. 앞으로도 나는 리치캔들을 비롯한 새로운 품종들을 개발하며 다래 산업의 발전과 농업의 지속 가능성을 위해 노력할 것이다.

리치캔들의 탄생은 끝이 아니라 시작이다. 나는 이 품종을 기반으로 더 많은 가능성을 탐구하며 다래의 가치를 널리 알리고자 한다. 다래는 단순한 과일이 아니라 우리의 자연과 전통이 만들어낸 자랑스러운 유산이다. 앞으로도 나는 이 유산을 세계에 알리는 데 최선을 다할 것이다.

리치선셋(만생종) : 크기와 당도의 완벽한 조화

다래 품종 육종의 여정에서 리치선셋은 만생종의 대표적인 품종으로 자리 잡았다. 이 품종은 열매의 크기와 당도가 일반 다래를 뛰어넘는 특징을 가지고 있다. 리치선셋의 개발 과정은 만생종 다래 품종의 새로운 기준을 제시하며 생식과 와인용으로 적합한 다재다능한 품종의 가능성을 열어주었다. 나는 리치선셋을 육종하며 품종 개발이 단순한 열매 생산을 넘어 농업의 지속 가능성과 소비자 만족을 함께 추구해야 한다는 점을 절실히 깨달았다.

품종 선발 : 크기와 당도에서 찾은 가능성

2010년 나는 다래 열매의 성숙기, 모양, 크기, 향 등을 세심히 조사하며 만생종 품종 육성의 첫 단추를 끼웠다. 이 과정에서 열매 크기가 다른 다래 품종보다 월등히 크고 성숙기가 9월 10일부터 10

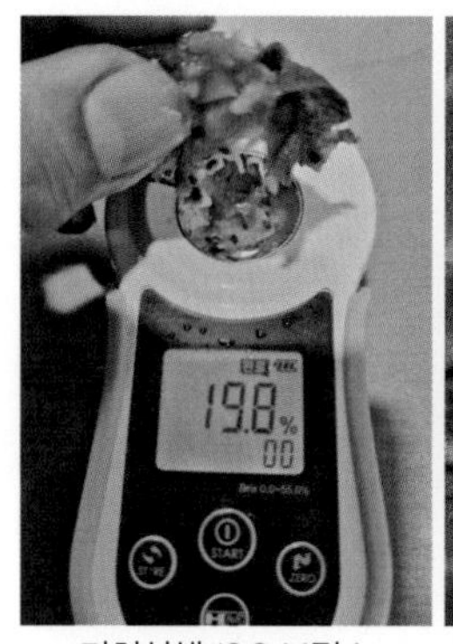

리치선셋 19.8 브릭스

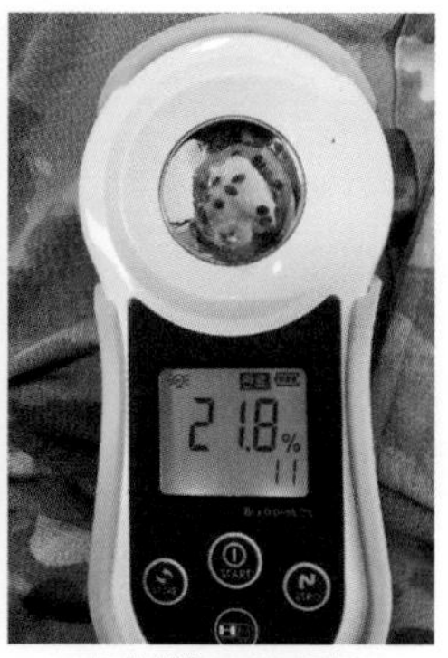

리치선셋 21.8 브릭스

월 초순까지로 늦어 당도가 놀랍도록 높은 개체가 눈에 띄었다. 이 개체는 18~24brix라는 탁월한 당도를 보여주었고 생식과 와인용으로 적합한 특성을 가지고 있었다.

나는 이 개체를 중심으로 육종 과정을 시작했다. 열매의 크기와 당도는 소비자와 생산자가 모두 만족할 수 있는 품종의 필수 조건이었다. 특히 만생종 품종은 늦게 수확이 가능해 수확 시기를 다양화할 수 있고 소비자들에게는 독특한 맛과 향을 제공할 수 있다. 이러한 가능성을 바탕으로 리치선셋은 육종 과정에서 특별한 의미를 가지게 되었다.

대조품종과의 비교 : 확고한 차별성

리치선셋의 우수성을 검증하기 위해 대조품종과의 비교 실험을 지속적으로 진행했다. 2017년부터 2018년까지 관찰한 결과 리치선셋은 대조품종과 비교해 열매 크기, 성숙기, 당도에서 명확한 차이를 보였다. 대조품종에 비해 열매는 더 크고 성숙기가 늦었으며, 당도는 한층 더 높았다. 특히 18~24brix의 당도는 다른 품종에서는 찾아보기 어려운 탁월한 수준으로 생식용 과일과 와인용 원료로 모두 적합했다.

이러한 차별성은 리치선셋이 단순히 만생종의 대안이 아닌 새로운 기준을 제시하는 품종으로 발전할 가능성을 보여주었다. 나는 이 품종이 농가의 생산성과 소비자의 선호를 동시에 충족시킬 수 있음을 확신하게 되었다.

리치선셋 잎

리치선셋 꽃

리치선셋 꽃잎

증식과 안정성 검증 : 품종의 완성

리치선셋의 특성이 안정적으로 유지되는지 확인하기 위해, 나는 2017년부터 2018년까지 지속적으로 관찰을 이어갔다. 이러한 과정을 통해 열매의 크기와 당도, 성숙기와 같은 주요 특성이 변하지 않고 안정적으로 유지된다는 점을 확인했다. 이에 따라 나는 삽목을 통해 30주를 증식하며 본격적인 품종 개발을 진행했다.

리치선셋의 증식 과정은 품종의 안정성을 검증하는 데 중요한 역할을 했다. 농업 현장에서 품종의 특성이 유지되지 않는다면 농가에게 큰 경제적 손실을 초래할 수 있다. 나는 이러한 위험을 최소화하기 위해 품종 검증과 증식 과정에서 철저히 데이터를 수집하고 분석했다.

품종 출원 : 리치선셋의 탄생

리치선셋의 특성이 충분히 검증된 뒤 나는 이 품종을 공식적으로 품종 출원하며 새로운 이름을 부여했다. '리치선셋'이라는 이름은 이 품종의 특징을 잘 나타내는 표현이다. 열매의 성숙기는 해가 저물어가는 계절과 닮았고, 풍부한 맛과 높은 당도는 자연의 풍요를 상징하는 이름과 잘 어울렸다.

리치선셋 열매

품종 출원 과정은 단순히 이름을 등록하는 작업이 아니라 이 품종이 가진 경제적, 생태적 가치를 공식적으로 인정받는 과정이었다. 나는 리치선셋이 농가와 소비자 모두에게 사랑받는 품종으로 자리 잡을 것임을 확신하며 출원을 진행했다.

리치선셋 삽목

리치선셋의 미래와 의의

리치선셋은 열매 크기와 당도의 조화로운 결합을 보여주는 품종으로 생식과 와인용으로도 이상적인 선택이다. 이 품종은 다래 산업에 새로운 기준을 제시하며, 농가와 소비자 모두에게 이점을 제공할 수 있다. 특히 만생종으로서 수확 시기를 늦출 수 있어 시장의 요구에 따라 유연한 대응이 가능하다.

나는 리치선셋이 단순한 품종 이상의 의미를 가지길 바란다. 이 품종은 농업의 가능성과 지속 가능성을 보여주는 사례로, 농가와 지역 사회에 새로운 희망을 줄 수 있다. 앞으로도 나는 리치선셋을 통해 다래의 가치를 널리 알리고 더 많은 사람들이 이 품종의 혜택을 누릴 수 있도록 노력할 것이다.

리치선셋은 나의 농업 철학과 경험이 응축된 결과물이다. 나는 이 품종이 다래 산업의 발전에 기여하며 한국 농업의 미래를 밝히는 데 중요한 역할을 할 것임을 믿어 의심치 않는다. 다래는 단순한 과일이 아니라 우리의 자연과 전통이 만들어낸 소중한 유산이다. 앞으로도 나는 이 유산을 전 세계에 알리기 위해 최선을 다할 것이다.

품종 육종의 결실과 의미 : 리치선셋과 그 뒤를 잇는 여정

품종 육종이라는 길은 생각보다 더 길고 험난했다. 특히 다래처럼 비교적 주목받지 못한 작물을 세계적인 품종으로 키워내는 과정은 인내와 열정 없이는 불가능하다. 나는 17년이라는 긴 시간 동안 리치선셋, 리치캔들, 리치모닝이라는 세 품종을 개발하면서, 육종이라는 작업이 얼마나 철저한 노력과 오랜 시간을 요구하는지 몸소 느꼈다. 그러나 그 과정에서 얻은 보람과 결과물은 모든 어려움을 뛰어넘는 가치가 있었다.

리치선셋 : 품종 등록의 결실

2023년 리치선셋은 국립산림품종관리센터의 3작기 동안의 심사를 거쳐 품종보호등록원부에 공식등록되었고, 산림청장으로부터

산림청

수신 이평재 님 귀하 (우57701 전라남도 광양시 봉강면 ...)
(경유)
제목 품종보호권 등록증 발급 알림(다래 '리치선셋')

1. 품종보호제도 정착과 산림신품종 육성 및 출원에 적극 협조하여 주시는 귀하께 감사드리오며, 귀하의 무궁한 발전을 기원합니다.

2. 「식물신품종 보호법」 제54조에 따라, 귀하께서 출원하신 품종의 품종보호권이 설정등록되었기에 다음과 같이 알려드립니다.

- 다 음 -

등록번호 (등록일자)	일반명 (품종명칭)	품종보호권자	출원인 (육성자)
제310호 (2023. 3. 15.)	다래 (리치선셋)	이평재	이평재 (이평재)

붙임 : 품종보호권등록증 1부(원본 별도 송부). 끝.

산 림 청 장

리치선셋 품종 등록증

품종보호권등록증
CERTIFICATE ON THE GRANT OF PLANT VARIETY RIGHTS

품종보호: 제310호
GRANT NUMBER

출원번호: 제2019-26호
APPLICATION NUMBER

출원일: 2019년 10월 25일
FILING DATE

등록일: 2023년 03월 15일
GRANT DATE

작물의 일반명 및 학명 : 다래
COMMON NAME & BOTANICAL NAME OF THE PLANT
Actinidia arguta (Siebold & Zucc.) Planch. ex Miq.

품종의 명칭 : 리치선셋
DENOMINATION
Rich Sunset

품종보호권 존속기간 : 2023년 03월 15일~2048년 03월 14일
PROTECTION PERIOD

품종보호권자 : 이평재
TITLE HOLDER
Pyung Jae Lee

육성자 : 이평재
BREEDER
Pyung Jae Lee

위의 품종은 「식물신품종보호법」 제54조에 따라 품종보호등록원부에 등록되었음을 증명합니다.

This variety is to certify that plant variety protection right is registered according to Plant Variety Protection Act.

2023년 03월 15일

산 림 청 장
THE MINISTER OF THE KOREA FOREST SERVICE

리치선셋 품종보호권 등록증

품종보호권등록증을 받았다. 이 과정을 통해 나는 다래라는 작물이 단순히 과일이 아니라 대한민국 농업의 잠재력을 상징하는 존재가 될 수 있음을 확신했다. 리치선셋은 만생종으로, 열매의 크기와 당도가 뛰어나 생식용뿐 아니라 와인용으로도 적합하다. 이러한 특성은 세계 시장에서도 경쟁력을 가질 수 있는 조건을 갖추고 있다.

리치선셋의 등록은 나에게 큰 의미를 주었다. 이 품종은 단순한 육종 결과물을 넘어, 대한민국 농업이 세계 품종 경쟁에서 어떻게 자리 잡을 수 있을지를 보여주는 사례다. 나는 리치선셋을 통해 우리나라 다래가 단순히 지역 특산물에 머무르지 않고 세계 무대에서 주목받는 품종으로 성장할 가능성을 확신했다.

리치캔들과 리치모닝 : 품종 등록을 향한 여정

리치캔들은 2025년 품종보호권등록증을 받을 예정이고, 리치모

닝은 등록까지 더 많은 시간이 필요하다. 각각 중생종과 조생종으로, 서로 다른 소비자 요구를 충족시키기 위해 개발된 품종이다.

리치캔들은 하나의 과경에 많은 열매가 달리며 착즙용으로 적합한 품종이고 리치모닝은 숙기가 빠르면서도 맛이 뛰어나 생식용으로 매력적인 선택지를 제공한다. 이 두 품종은 리치선셋과 함께 다래 산업의 다양성과 가능성을 확장하는 데 중요한 역할을 할 것이다.

2. 육종의 비밀
: 명인의 연구와 끈기

육종의 의의와 미래

리치모닝의 육종 과정은 나에게 품종 개발의 중요성과 어려움을 동시에 깨닫게 했다. 품종 개발은 단순히 한 품종을 만들어내는 것이 아니라 농업의 새로운 가능성을 열어주는 일이었다. 특히 조생종인 리치모닝은 농가들에게 수확 시기를 분산할 수 있는 선택지를 제공하며 소비자들에게는 신선한 다래를 더욱 일찍 만날 수 있는 기회를 열어주었다.

리치모닝의 성공이 단순히 한 품종의 성과에 그치지 않고, 한국 다래 산업 전체의 발전으로 이어지길 바란다. 특히 품종 경쟁이 치열한 글로벌 시장에서 리치모닝은 한국 고유의 다래 품종으로서 독창성과 경쟁력을 갖춘 사례로 자리 잡을 수 있다고 확신한다. 앞으로도 나는 리치모닝을 기반으로 더 많은 품종을 개발하고 이를 통해 다래의 가치를 세계적으로 알리는 데 최선을 다할 것이다.

리치모닝은 한국 다래 산업의 새로운 가능성을 상징한다. 나는 이 품종을 통해 다래가 단순한 전통 과일에서 벗어나 세계 시장에서도 경쟁력을 갖춘 고품질 과일로 자리 잡을 수 있음을 보여주고자 했다. 앞으로도 나는 다래의 품종 개발과 보급에 힘쓰며 농업의 가치를 널리 알리는 데 노력할 것이다. 리치모닝은 시작일 뿐이며 나는 더 많은 도전과 성과를 통해 다래 산업의 미래를 밝히는데 기여하고자 한다.

품종 육종의 어려움과 보람

품종을 육종한다는 것은 단순히 열매를 생산하는 것이 아니라 새로운 생태계를 구축하는 일이다. 나는 17년 동안 연구와 관찰, 인내를 반복하며 이 과정을 이어왔다. 육종의 길은 쉬운 선택이 아니었다. 세계는 품종 전쟁이라고 할 만큼 경쟁이 치열하다. 각국은 자국의 품종을 보호하고 새로운 품종을 개발하기 위해 막대한 자원을 투자하고 있다. 이러한 환경 속에서 나는 우리나라 고유의 토종다래를 기반으로 경쟁력 있는 품종을 개발하는 데에 자부심을 느꼈다.

이 여정은 나에게 개인적인 성취감을 넘어 국가와 지역 사회에 대한 책임감을 안겨주었다. 다래는 우리나라 전통 과일이자 자연의 선물이지만 상업적 가치와 품종 경쟁력에서 오랫동안 주목받지 못했다. 나는 이러한 현실을 변화시키기 위해 작은 노력을 보태고자 했고, 그 과정에서 운도 따랐으며 많은 분들의 도움을 받았다. 나를 믿고 지원해 준 모든 분들께 진심으로 감사 드린다.

다래 산업을 위한 노력의 발자취

나는 1999년에 귀농했고 2006년에는 산으로 들어가 귀산의 삶을 시작했다. 이 시점에서 다래의 잠재력에 매료되어 본격적으로 연구를 시작했다. 2009년에는 백운산 토종다래 영농조합법인을 설립해 대표로 활동하며 다래 산업을 체계적으로 발전시키기 위한 기반을 마련했다. 같은 해, 국립산림과학원 특용자원과와 협력하여 다래 시험재배를 시작했다. 이는 3년간의 계약으로, 다래 재배에 대한 과학적 접근과 실험을 가능하게 했다.

2012년에는 한국다래연구회를 창립하며 부회장으로 활동했다. 이 연구회는 다래 산업의 미래를 고민하고 다양한 연구와 실험을

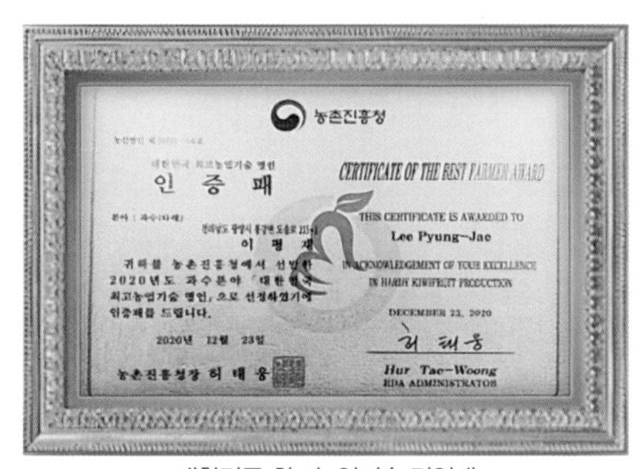

대한민국 최고농업기술 명인패

통해 품종 개발과 재배 기술의 진보를 이끌었다.

2017~2019년 3년간 진주 경상대학교와 전국에 5개 다래재배 농가(부저농원 포함)와 스마트팜 시설로 효능, 항산화 활성, 재배환경, 대기환경, 토양환경, LCT기술 적용 필요성 등 실험을 하였다. 이러한 노력은 2020년 농촌진흥청으로부터 대한민국 최고 농업기술 명인으로 선정되는 결실로 이어졌다. 그러나 이 모든 성과는 나 혼자만의 노력으로 이루어진 것이 아니다. 다래를 사랑하는 많은 사람들의 지지와 협력이 없었다면 불가능했을 것이다.

품종 육종의 의미와 미래

리치선셋, 리치캔들, 리치모닝이라는 세 품종은 단순한 과일이 아니라, 다래 산업의 가능성과 미래를 상징한다. 이 품종들은 재배 농가에게 새로운 선택지를 제공하고 소비자들에게는 품질 좋은 과일을 제공하며 나아가 우리나라 농업의 세계화에 기여할 것이다. 나는 이 품종들이 단순히 다래 산업의 성장뿐 아니라 우리나라 농업 전체의 위상을 높이는 데 기여하길 바란다.

다래는 단순히 열매를 수확하는 작목이 아니다. 이는 자연과 인간이 함께 만들어가는 조화의 결과물이며 이를 통해 우리는 지속 가능한 농업의 방향성을 모색할 수 있다. 앞으로도 나는 다래 품종 육종과 재배 기술 개발에 힘을 쏟으며 더 많은 농가와 소비자들이 다래의 가치를 경험할 수 있도록 노력할 것이다. 이 길이 결코 쉽지는 않겠지만 나는 이 여정이 가치 있는 도전이라고 믿는다.

끈기와 인내의 성과

품종을 육종한다는 것은 단순한 재배 기술 이상이었다. 그것은 매일같이 관찰하고, 실험하고, 기다리는 긴 여정이었다. 한 품종을 개발하기까지 최소 10년 이상의 시간이 걸리며 그 과정에서 실패와 좌절도 수없이 겪었다. 그러나 이러한 과정을 통해 나는 다래의 무한한 가능성을 발견했고, 이를 통해 한국 농업이 세계와 경쟁할 수 있다는 자신감을 얻었다.

나는 이 작업이 단순히 개인적인 성취가 아니라 우리나라 농업의 미래를 위한 초석이라고 믿는다. 세계는 지금 품종 전쟁 중이다. 각국은 자국의 고유 품종을 보호하고 이를 통해 세계 시장에서의 경쟁력을 확보하려 하고 있다. 나는 리치모닝, 리치캔들, 리치선셋이라는 세 가지 품종을 통해 우리나라의 다래가 글로벌 시장에서 주목받기를 바란다.

후배 농업인과의 동행

나는 지금도 다래 재배를 희망하는 후배 농업인들과 나의 노하우를 나누고 있다. 품종 육종과 재배 기술은 물론 시장에서 성공할 수 있는 전략까지 공유하며 이들이 다래를 통해 새로운 가능성을 열어

가길 바라고 있다. 나의 경험이 그들에게 작은 영감이 되길 바라며 앞으로도 품종 개발과 농업 발전을 위해 계속 노력할 것이다.

다래는 단순한 과일이 아니다. 그것은 자연과 인간의 조화, 농업 기술의 정수다. 나는 이 작은 열매에 담긴 가능성을 믿으며 앞으로도 다래의 미래를 위해 나아갈 것이다. 이 모든 과정이 결코 쉽지 않았지만 그만큼 보람 있는 여정이었다.

3. 세계로 나아가는 토종다래
: 한국 과일의 글로벌 비전 및 전망

다래를 뉴질랜드의 키위처럼 세계적인 과일로 키우고 싶다는 열망은 단순한 농업적 꿈이 아니다. 그것은 우리 고유의 과일인 다래를 전 세계 사람들이 즐길 수 있도록 만들고, 더 나아가 한국 농업의 가능성을 알리는 일이다. 나는 2020년 농촌진흥청으로부터 대한민국 최고 농업기술 명인으로 선정되었을 때, 이 꿈이 단순한 이상이 아니라 현실적으로 도전해볼 가치가 있는 목표라는 것을 확신했다. 그러나 이 여정을 이루는 길은 쉽지 않았다. 하지만 포기하지 않았고 지금도 그 꿈을 향해 달려가고 있다.

다래의 글로벌 가능성을 본 순간

뉴질랜드 키위의 성공 사례는 항상 나에게 큰 자극이 되었다. 키위는 본래 중국에서 기원했지만 뉴질랜드의 체계적인 품종 개발과 마케팅을 통해 세계적으로 사랑받는 과일이 되었다. 다래 역시 이러한 잠재력을 가진 과일이다. 껍질째 먹을 수 있는 편리함, 높은 항산화 성분과 비타민C 함량, 그리고 독특한 풍미는 현대 소비자들에게 충분히 매력적일 수 있다. 하지만 뉴질랜드처럼 세계 무대에서 경쟁하려면 품종 개발, 품질 관리, 그리고 체계적인 마케팅 전략이 필수적이다.

나는 다래가 가진 특성을 세계 소비자들에게 알리기 위해 리치선셋, 리치캔들, 리치모닝과 같은 품종을 개발하며 글로벌 시장에 적합한 다래를 만드는 데 주력했다. 각각 조생종, 중생종, 만생종으로 개발된 이 품종들은 소비자와 재배자 모두의 필요를 충족시킬 수 있도록 설계되었다. 특히 리치선셋은 2023년 품종보호권등록을 마치며 세계 시장에서 경쟁할 준비를 갖추었다.

글로벌 과일로 성장하기 위한 기반

글로벌 시장에서 성공하기 위해서는 단순히 품종 개발만으로는 부족하다. 나는 다래의 생산부터 유통, 마케팅까지 전 과정에서 글로벌 기준을 충족시키는 시스템을 구축하는 데 주력하고 있다. 이를 위해 다음과 같은 전략을 마련했다.

품질 관리와 표준화

다래는 열매의 크기와 당도, 숙기 등이 품종별로 다양하다. 이를 체계적으로 관리하지 않으면 소비자들에게 일관된 품질을 제공하기 어렵다. 나는 품종별로 세분화된 재배 지침을 마련하고 재배자들이 이를 따를 수 있도록 교육을 강화하고 있다. 예를 들어 리치선셋의 경우 9월 초에서 10월 초에 걸쳐 수확하는데, 이 시기에 맞춘 적기 수확과 품질 검사가 필수적이다.

글로벌 인증 획득

세계 시장에 진출하려면 국제적으로 인정받는 인증이 필요하다. 나는 지속 가능한 농업과 친환경 재배를 강조하며 유럽과 미국 등 주요 시장에서 요구하는 인증을 획득하기 위해 노력하고 있다. 이를 통해 다래가 단순한 과일이 아니라 지속 가능성과 건강을 상징하는 상품으로 자리 잡을 수 있도록 하고 있다.

가공 산업 확대

다래는 생과일로도 훌륭하지만 가공식품으로도 다양한 가능성을 가지고 있다. 나는 다래를 이용한 잼, 와인, 음료, 발효액, 식초 등 가공제품 개발에도 힘을 쏟고 있다. 특히 리치선셋은 높은 당도와 독특한 향으로 와인과 같은 프리미엄 제품에 적합하다. 이러한 가공 제품은 글로벌 소비자들에게 다래의 가치를 알리는 좋은 도구가 될 것이다.

다래를 세계로 알리는 노력

나는 다래를 알리기 위해 다방면으로 노력하고 있다. 매년 수많

토종다래 추천 방송

은 사람들이 농장을 방문해 다래 재배와 관련된 교육을 받고 있으며, 여러 방송 프로그램과 유튜브를 통해 다래의 가치를 홍보하고 있다. 특히 다래의 효능과 재배의 쉬움은 귀농·귀산인들에게 매력적인 선택지로 다가가고 있다.

다래의 글로벌화를 위해 국제적인 협력도 중요하다고 느꼈다. 나는 뉴질랜드, 미국 등 주요 과일 생산국과의 교류를 통해 다래의 잠재력을 알리고, 해외 시장의 요구를 파악하고 있다. 예를 들어 뉴질랜드의 키위 생산 체계와 마케팅 전략을 연구하며 다래 산업에 적용할 방안을 고민하고 있다.

미래의 비전

내가 꿈꾸는 다래의 미래는 단순히 과일로서의 성공에 머물지 않는다. 다래는 우리나라 농업의 가능성을 세계에 알리는 도구이자, 지역 경제를 활성화하는 열쇠가 될 수 있다. 나는 다래가 단순히 수익을 창출하는 작목을 넘어 우리나라의 농업이 세계와 소통하는 창구가 되기를 바란다.

나는 다래가 한국의 자부심이 될 수 있다고 믿는다. 다래는 단순한 열매가 아니다. 그것은 우리의 자연과 전통, 그리고 농업 기술이 담긴 소중한 유산이다. 이 유산을 세계로 알리는 일은 쉬운 도전이 아니겠지만, 그만큼 가치 있는 일임을 나는 매일 느낀다. 앞으로도 다래의 글로벌화를 위해 모든 노력을 기울일 것이다. 나는 이 여정이 단순히 나의 일이 아니라 대한민국 농업 전체의 미래를 위한 길이라고 믿는다.

4장 수확과 가공

토종다래의 수확은 단순히 열매를 따는 행위가 아니다. 이는 과학적 판단과 농부의 경험, 세심한 관찰이 조화를 이루는 정교한 과정이다. 다래는 후숙 과일로, 수확 시기를 정확히 맞추는 것이 맛과 품질을 결정짓는 가장 중요한 요소다. 적절한 시기를 놓치면 열매는 상품성을 잃고 소비자의 신뢰를 저버릴 위험이 있다. 또한 발효는 단순한 전통 기술이 아니라, 과학적 지식과 자연에 대한 이해를 바탕으로 이루어지는 정교한 작업이다.

1. 수확의 기술
: 최적의 시기와 방법

토종다래의 수확과 후숙은 재배 과정의 마지막 단계이자 열매의 품질과 소비자의 만족도를 결정짓는 중요한 과정이다. 수확 시기의 정확한 판단과 후숙 과정을 잘 관리하면 다래의 맛과 향을 최상의 상태로 유지할 수 있다. 아래는 내가 경험을 통해 얻은 토종다래의 수확과 후숙에 대한 노하우다.

토종다래 수확의 예술 - 품질과 소비자 만족을 위한 섬세한 과정

토종다래의 수확은 단순히 열매를 따는 행위가 아니다. 이는 과학적 판단과 농부의 경험, 세심한 관찰이 조화를 이루는 정교한 과정이다. 다래는 후숙 과일로, 수확 시기를 정확히 맞추는 것이 맛과 품질을 결정짓는 가장 중요한 요소다. 적절한 시기를 놓치면 열매는 상품성을 잃고 소비자의 신뢰를 저버릴 위험이 있다. 나는 이러한 수확 과정에서 얻은 경험과 지식을 바탕으로 어떻게 토종다래를 최상의 상태로 소비자에게 전달할 수 있는지 설명하고자 한다.

수확 시기가 품질에 미치는 영향

맛과 향의 극대화

다래는 완전히 익어야 당분이 높아지고 특유의 풍미가 발현된다. 하지만 열매가 과숙하면 과육이 물러지고 저장성이 떨어지며, 너무 이른 수확은 전분이 당으로 충분히 전환되지 않아 맛이 덜하고 산미가 강해진다. 이 절묘한 균형점을 찾는 것이 수확의 핵심이다.

저장성과 유통 안정성

적절한 시기에 수확된 다래는 껍질이 단단하고 수분 함량이 적정 수준으로 유지되어 유통 과정에서 손상될 가능성이 적다. 과숙한 열매는 유통 중 쉽게 물러지고 상처가 생겨 상품성을 크게 저하시킨다.

소비자

경험소비자는 후숙 과정을 거친 다래에서 당도와 산미의 균형을 기대한다. 적정 수확 시기를 지키면 최상의 맛을 제공할 수 있지만 덜 익거나 과숙한 다래는 소비자 만족도를 떨어뜨릴 수 있다. 이러한 점에서 수확은 농가와 소비자를 연결하는 가장 중요한 접점이라 할 수 있다.

적정 수확 시기의 판단 기준

시각적 관찰

수확하기 7일 전부터 낙과 발생이 조금씩 되고 다래의 과피색이 녹색에서 연녹색으로 변하며 윤기가 돌기 시작한다. 이러한 외형 변화는 가장 쉽게 수확 시기를 판단할 수 있는 기준이지만 단순히 색만으로는 부족하다.

열매의 질감

열매를 손으로 살짝 눌렀을 때 약간의 탄성이 느껴지면서도 단단한 상태가 이상적이다. 과육이 지나치게 단단하면 덜 익은 것이고, 반대로 물렁거리면 과숙 상태에 가깝다.

당도와 산미의 측정샘플

열매를 채취해 당도(Brix)를 측정하는 것은 가장 정밀한 방법이다. 토종다래는 보통 7~8Brix 수준에서 수확하는 것이 이상적이다. 이 수치에 도달하면 후숙 후 최상의 맛을 제공할 수 있다.

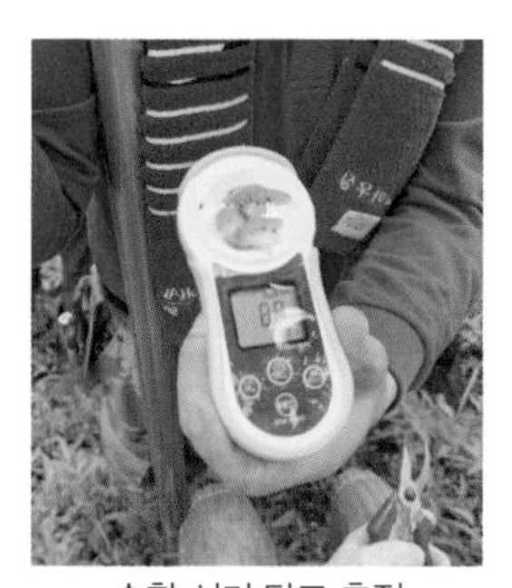
수확 시기 당도 측정

종자 색깔

종자색은 전통적으로 선조들이 활용해 온 수확 기준이다. 씨앗이

종자색으로 수확 시기 판단

종자색으로 수확 시기 판단(단체 수확)

약 80% 이상 검게 변한 상태가 되면 수확에 적합하다. 이는 간단하면서도 효과적인 방법으로, 농가에서 실용적으로 활용하기 쉽다.

수확 열매(전남도청 홍보 사진)

기후와 환경

다래의 성숙 시기는 지역의 기후와 환경 조건에 따라 다소 차이가 있다. 늦여름에서 초가을 사이가 일반적인 수확 시기지만 지역의 날씨와 생육 상태를 고려해 유연하게 대처해야 한다.

참조 국립산림과학원, 전남농업기술원, 강원도농업기술원 등에서는 과피의 경도, 건물중 함량, 종자색, 요오드액 반응(전분 함량), 개화 후 일수, 수확기 당도 등을 본다.

수확 도구와 방법

결과지째 수확

명인 수확 장면

다래는 껍질이 얇고 손상이 쉽기 때문에 수확 도구와 방법의 선택이 중요하다.

수확 시에는 다래의 껍질이 얇아 손상되기 쉬우므로 세심한 주의가 필요하다. 다래나무 특성이 한 번 열린 결과지는 다시 열지 않아 가지째 수확하는 것이 이상적이다. 그리고 열매가 달린 가지가 여름에 성장하면서 긴 가지로 큰 것은 열매 달린 다음 눈부터는 내년에 열매가 열리기 때문에 수확 시 열매를 가위로 잘라 수확하면 열매에 가해지는 압력을 줄여 손상을 효과적으로 방지할 수 있다. 이러한 방식은 다래의 품질과 신선도를 유지하는 데 크게 기여한다.

가위 사용

택배 작업 시 열매와 가지를 연결하는 꼭지는 가위를 사용해 자르는 것이 효율적이다. 부저농원에서는 이러한 방법을 통해 열매 손상을 최소화하고 품질을 유지할 수 있었다.

수확 박스 준비

수확한 다래는 충격을 최소화할 수 있도록 부드러운 천이나 폼이 깔린 박스에 담아야 한다. 이는 유통 과정에서 손상 가능성을 줄이는 데 중요한 역할을 한다.

기후와 시간대의 중요성

수확 작업은 기온이 낮은 아침에 진행하는 것이 이상적이다. 낮은 온도는 열매의 신선도를 유지하는 데 유리하며 뜨거운 햇빛 아래에서 수확하면 열매가 빠르게 수분을 잃을 수 있다. 특히 비가 온 직후에는 수확을 피해야 한다. 젖은 열매는 곰팡이 발생 가능성이 높아지기 때문이다.

부저농원의 경험 부저농원에서는 지역별 재배 환경에 따라 수확 시기가 달라지는 것을 경험했다. 전남 광양 해발 300m 지역에서는 조생종 리치모닝이 8월 초순, 중생종 리치캔들이 8월 말에서 9월 초순, 만생종 리치선셋은 9월 초에서 9월 말에 수확된다. 그러나 해발 고도가 낮은 아랫동네 밭에서는 같은 품종이라도 약 15~30일 늦게 수확이 이루어진다.

수확 시기 결정에 있어 국립산림과학원과 전남농업기술원 등의 기준을 참고해 과피의 경도, 당도, 종자색 등을 확인했다. 특히 당도와 종자 색깔은 간단하면서도 실용적인 기준으로 활용할 수 있었다.

수확 후 관리와 유통

수확한 다래는 후숙 과정을 통해 맛과 향이 극대화된다. 부저농원에서는 생산량의 40%를 생과로, 나머지 60%를 발효액과 식초로 가공해 판매하고 있다. 특히 유통 과정에서 물러진 과일로 인한 소비자 불만을 줄이기 위해 철저한 포장과 관리를 시행했다. 포장은 3kg 또는 6kg 단위로 진행하며 각 팩에는 물러진 열매가 섞이지 않도록 세심한 주의를 기울였다.

결론적으로 토종다래의 수확은 단순한 농작업이 아니라 열매의 품질과 소비자의 신뢰를 연결하는 중요한 과정이다. 수확 시기를 정확히 판단하고, 적절한 도구와 방법을 활용하며, 환경 조건을 최적화하는 것이 고품질 다래 생산의 핵심이다. 나는 이러한 경험과 노하우를 통해 다래가 단순한 지역 특산물에 그치지 않고 세계적으로 인정받는 과일로 자리 잡을 수 있도록 최선을 다하고 있다. 수확은 다래 재배의 끝이 아니라 더 넓은 세상으로 나아가는 시작이다.

2. 후숙의 비밀
: 맛과 저장성을 높이는 기술

토종다래 후숙 과정 : 최상의 맛과 품질을 위한 여정

다래는 후숙 과정을 통해 진정한 맛과 향을 발현하는 대표적인 후숙 과일이다. 수확 후 바로 먹을 수 없는 다래는 일정 기간 후숙 과정을 거쳐야 물렁한 식감과 달콤한 풍미를 자랑한다. 후숙은 단순한 과일의 성숙이 아니라 소비자들에게 다래의 가치를 온전히 전달하기 위한 중요한 기술이자 예술이다.

후숙의 원리 : 다래가 맛있어지는 비밀

후숙은 다래 속의 전분이 당으로 변환되는 과정이다. 수확 후에도 다래는 에틸렌 가스를 방출하며 성숙을 이어간다. 이 과정에서 과일은 점차 단맛이 강해지고 산미가 부드러워진다. 다래가 후숙을 통해 물렁해지면 그 안에 농축된 당분과 향이 소비자들에게 깊은 만족감을 선사한다.

다래의 후숙은 품종과 수확 시기에 따라 차이가 있다. 조생종은 7~10일, 중생종은 10~15일, 만생종은 15~30일 정도가 소요된다. 이러한 후숙 과정을 통해 다래는 최적의 맛과 질감을 얻게 되지만 수확 시기를 잘못 판단하거나 후숙 조건을 제대로 갖추지 않으면 당도가 높지 않아 맛이 떨어질 수 있다.

후숙 조건 : 성공적인 숙성을 위한 환경

온도와 습도

후숙에 적합한 온도는 섭씨 20~25도다. 이 온도는 다래 속의 전분이 당으로 변환되는 효소 반응을 최적으로 촉진한다. 만약 온도가 너무 낮으면 후숙 과정이 느려지고, 반대로 너무 높으면 과육이 지나치게 부드러워져 상품성이 떨어질 수 있다. 또한 습도는 85~90% 수준을 유지하는 것이 중요하다. 높은 습도는 과육을 부드럽게 하고 수분 손실을 최소화해 다래의 신선도와 품질을 유지하는 데 도움을 준다.

공간과 통풍

다래는 통풍이 잘되는 공간에서 후숙 과정을 진행해야 곰팡이나 부패를 방지할 수 있다. 특히 후숙 중 과일 간 밀착을 줄이고, 적절한 간격을 유지하면 공기 흐름이 좋아져 품질 유지에 유리하다.

시간의 조절

후숙 기간은 품종과 상태에 따라 다르지만 일반적으로 10~20일 후에는 먹기 좋은 상태가 된다. 후숙 속도를 조절하려면 냉장 보관을 통해 숙성 과정을 늦출 수 있다. 이는 과숙으로 인한 상품 손실을 방지하고 유통 기간을 늘리는 데 효과적이다.

인공후숙 : 빠른 유통과 품질 확보를 위한 선택

생산된 다래의 유통과 품질 관리를 위해 인공후숙을 활용한다. 토종다래는 수확 시 단단한 상태이기 때문에 저장성은 뛰어나지만 소비자가 바로 먹을 수 없는 단점이 있다. 이를 해결하기 위해 에틸렌 가스와 숯을 활용한 인공후숙 과정을 거친다.

인공후숙 과정

다래 3kg에 5g의 후숙제를 넣고 24시간 밀봉한 뒤 환기를 시켜 판매한다. 이 과정을 통해 당도가 낮은 다래도 정상 당도로 숙성되며 2일 이내에 유통 가능하다. 후숙 과정을 거친 다래는 단맛과 부드러운 식감을 확보해 소비자 만족도를 높인다.

후숙과 유통 : 품질과 소비자의 신뢰를 위한 세심한 관리

후숙을 마친 다래는 유통 과정에서 신선도를 유지하는 것이 중요

에틸렌 처리

하다. 다래가 말랑말랑한 상태로 유통되면 물러짐으로 인해 소비자 불만을 초래할 수 있다. 이를 방지하기 위해 포장과 배송 과정에서 각별한 주의를 기울여야 한다.

포장 방식

다래는 3kg 또는 6kg 단위로 포장된다. 한 팩당 약 600g씩 담아 물러진 과일이 섞이지 않도록 관리한다. 발효용으로는 10kg 단위로 포장해 대량 소비자나 가공업체에 공급한다. 소비자들이 쉽게 접근할 수 있도록 소량 포장도 병행하고 있다.

소비자와의 소통

초창기에는 소비자들이 다래를 후숙 없이 바로 먹어보고 맛이 없다고 불평하는 경우가 많았다. 이를 해결하기 위해 시식 행사를 진행하며 후숙된 다래의 맛을 직접 경험하게 했다. 후숙 과정을 이해한 소비자들은 다래의 진가를 알게 되었고, 이는 판매 증대로 이어졌다.

부저농원의 경험

부저농원에서는 생산량의 약 40%를 생과로 시판하고, 나머지 60%는 발효액과 식초로 가공해 판매하고 있다. 이와 같은 비율은 소비자들의 선호도와 시장의 요구를 반영한 것이다. 특히 발효액과 식초는 장기 보관이 가능해 유통 기한의 문제를 해결하는 데 도움을 주었다.

부저농원의 후숙 노하우는 단순히 과일을 숙성시키는 기술이 아니라, 소비자들과의 신뢰를 쌓아가는 과정이다. 생산 단계부터 유통, 소비까지 이어지는 체계적인 관리가 부저농원의 성공 비결이라고 할 수 있다.

후숙의 가치 : 소비자와 연결된 다래의 맛

토종다래의 후숙 과정은 단순히 과일의 당도를 높이는 기술적 작업이 아니라 소비자와 농가를 연결하는 다리다. 다래는 자연과 인간의 조화 속에서 태어난 과일이며, 후숙은 그 완성 단계라고 할 수 있다. 나는 이러한 과정을 통해 다래가 가진 가치를 재발견하고 더 많은 사람들이 이 특별한 과일을 즐길 수 있도록 최선을 다하고 있다.

단단한 다래가 쭈글쭈글해지면 자연후숙된 것임

나무에서 자연후숙된 열매

열매만 가위로 자르기

팩에 담기

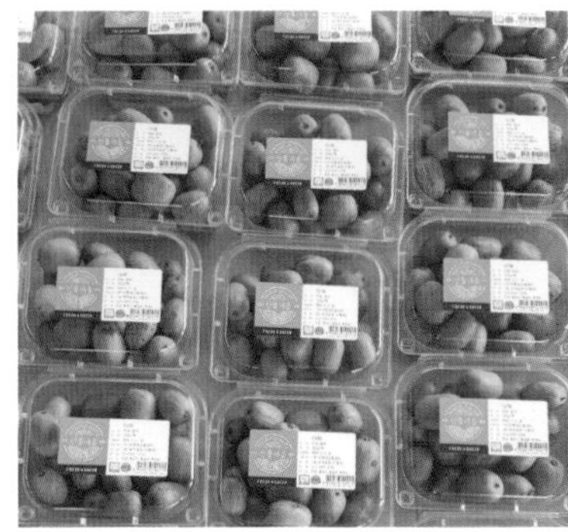

팩 포장

스치로폼 포장

3. 발효와 숙성은 예술
: 다래의 가치를 더하는 과정

효소란 무엇인가? - 생명의 촉매와 농업의 동반자

효소는 동물·식물·미생물의 생활세포에서 생성되는 고분자 유기화합물로, 생합성과 분해를 포함한 모든 생화학적 반응을 촉진하는 촉매 역할을 한다. 이 물질은 체내에서 일어나는 화학 반응을 효율적으로 진행시켜 생명체가 에너지를 얻고 생존하는 데 필수적인 과정에 깊이 관여한다. 효소의 기능은 단순히 반응을 촉진하는 데 그치지 않고 생명체가 에너지를 얻고 안정적으로 생존하고 적응할 수 있도록 돕는 핵심적인 역할을 한다.

효소의 기능과 역할

효소는 매우 특이적이고 신속한 촉매작용을 통해 복잡한 화학 반응을 단순화한다. 이는 체내의 화학 반응이 원활히 진행될 수 있도록 돕는 중요한 기능이다. 효소는 크게 두 가지로 나눌 수 있다. 이화작용은 물질을 분해하는 반응을 의미하며 동화작용은 물질을 합성하는 반응을 뜻한다. 이 두 가지 과정이 결합되어 물질대사를 이룬다.

효소의 역할을 이해하기 위해 가장 대표적인 예를 광합성에서 찾을 수 있다. 광합성은 식물이 이산화탄소와 물을 사용해 포도당을 생성하는 과정으로, 이는 생명체가 에너지를 얻는 근본적인 출발점이다. 포도당은 우리 몸의 세포 활동에 필요한 주요 영양소로 효소는 이러한 화학 반응을 가능하게 하는 핵심이다. 효소는 단순히 화학 반응을 빠르게 진행시킬 뿐만 아니라 특정 반응이 정확하고 효과적으로 일어날 수 있도록 한다.

효소와 농업

농업 분야에서 효소의 중요성은 점점 커지고 있다. 농작물의 생육을 촉진하거나 저장성을 높이는 데 효소를 활용하는 사례가 늘어나고 있다. 특히 발효를 이용한 농업은 효소의 역할이 돋보이는 대표적인 사례다.

발효는 미생물이 생성하는 효소를 이용해 유익한 대사산물을 생산하는 과정으로, 이는 농산물의 품질을 높이고 부가가치를 창출하는 데 기여한다.

발효액과 효소의 활용 사례

부저농원에서는 과일 발효액을 제조하는 과정에서 효소의 역할을 적극 활용하고 있다. 토종다래를 예로 들면 다래 발효액은 효소의 작용을 통해 자연적인 숙성 과정을 거치며 영양소가 더 풍부해지고 흡수율이 높아진다. 이 과정에서 아밀라아제, 펙티나아제, 리파아제, 프로테아제 등 다양한 효소가 사용된다. 아밀라아제는 녹말을 분해하여 당으로 전환하고, 펙티나아제는 섬유질을 분해하여 발효 과정을 촉진하며, 단백질을 분해하는 프로테아제, 리파아제는 지방을 분해하여 고유의 향미를 더한다.

효소의 활용은 여기서 끝나지 않는다. 발효액은 농작물의 생육을 돕는 천연 비료로도 사용된다. 발효 과정에서 생성된 효소는 토양의 미생물 활동을 촉진하고 토양 내 유기물의 분해를 도와 작물이 더 쉽게 흡수할 수 있는 형태로 변환시킨다. 이는 화학비료 사용량을 줄이고 지속 가능한 농업을 가능하게 한다.

효소의 종류와 역할

효소는 기능에 따라 식품 효소, 대사 효소, 소화 효소로 나눌 수 있다.

식품 효소

식품 효소는 주로 발효 과정에서 활용되며 농업에서는 주로 발효액이나 퇴비 제조에 사용된다. 대표적인 예로 젖산균 발효 과정에서 생성되는 효소들이 있으며, 이는 농산물의 맛과 영양가를 높이는 데 기여한다.

대사 효소

대사 효소는 생명체 내에서 에너지 대사를 촉진한다. 예를 들어 다래 열매의 발효 과정에서 대사 효소는 열매 속의 당과 산을 조절해 발효액의 품질을 높인다.

소화 효소

소화 효소는 주로 인체에서 음식물의 소화를 돕는 역할을 한다. 예를 들어 단백질 분해 효소인 프로테아제는 다래와 같은 과일 속 단백질을 분해하여 인체 흡수를 용이하게 한다. 이러한 효소는 농업에서 가축의 소화를 돕기 위해 사료 첨가제로도 사용된다.

효소와 지속 가능한 농업

효소는 현대 농업에서 지속 가능성을 실현하는 중요한 도구로 떠오르고 있다. 기존의 화학 비료와 살충제에 의존하던 농업에서 효소를 활용하면 더 친환경적이고 안전한 농산물 생산이 가능하다. 예를 들어 효소는 병충해를 예방하거나 해충을 퇴치하는 천연 대안으로 사용될 수 있다. 특정 효소는 해

다래 속 단백질 분해 효소

충의 외골격을 분해하거나, 병원균의 세포벽을 파괴하여 자연적인 방제를 가능하게 한다.

부저농원의 경험 부저농원에서는 효소를 활용한 발효 퇴비를 사용하여 토종다래를 재배하고 있다. 이 퇴비는 다래 열매와 발효 효소를 활용해 제조되며, 토양의 질을 개선하고 작물의 뿌리 흡수를 도와준다. 특히 효소 기반 퇴비는 토양 속 유익한 미생물의 활동을 촉진하여 화학 비료에 의존하지 않고도 안정적인 작물 생산이 가능하도록 한다.

효소 연구의 발전과 전망

효소에 대한 연구는 농업뿐만 아니라 의료, 식품 산업에서도 활발히 이루어지고 있다. 최근에는 유전자 공학을 통해 특정 작물에 적합한 맞춤형 효소를 개발하려는 시도가 늘고 있다. 이러한 효소는 작물의 병충해 저항성을 높이고 수확 후 저장성을 연장시키며 소비자에게 더 나은 맛과 영양을 제공할 수 있다.

나는 효소 연구가 농업의 미래를 바꿀 중요한 열쇠라고 믿는다. 효소의 활용은 단순히 생산량을 늘리는 것을 넘어, 지속 가능성과 환경 보호를 동시에 이루는 데 기여할 수 있다. 부저농원에서는 앞으로도 효소를 활용한 다양한 농업 기술을 실험하고 이를 공유함으로써 더 많은 농가가 효소의 이점을 누릴 수 있도록 노력할 것이다.

효소는 생명체의 화학 반응을 돕는 촉매제로서 생명 유지와 대사 활동의 핵심 역할을 한다. 농업에서 효소는 발효, 퇴비 제조, 병충해 방제 등 다양한 방식으로 활용될 수 있으며, 이는 지속 가능한 농업의 실현에 중요한 역할을 한다. 효소의 활용은 단순히 생산성을 높이는 데 그치지 않고 농업이 환경과 조화를 이루며 성장할 수 있는 기반을 제공한다. 나는 이러한 효소의 가능성을 믿으며, 이를 활용한 농업 기술의 발전에 기여하고자 한다.

다래 발효액 : 과학과 예술의 융합

내가 다래 재배를 시작했을 때 단순히 과일로서의 다래만이 아니라 이 작은 열매가 지닌 무궁무진한 가능성을 탐구하고자 하는 열망이 있었다. 발효는 그 가능성을 극대화할 수 있는 열쇠였다. 발효는 단순히 전통적인 방식으로 음료나 조미료를 만드는 작업이 아니라 자연의 원리를 과학적으로 이해하고 이를 실질적으로 활용하는 과정이다. 발효를 통해 다래는 단순한 과일의 경계를 넘어 건강과 미각, 그리고 지속 가능성을 모두 충족시키는 새로운 형태로 태어날 수 있다.

발효란 무엇인가?

발효는 미생물이 유기물을 분해하여 새로운 물질로 전환시키는 자연적인 과정이다. 이는 단순히 음식물을 보존하는 데 그치지 않고 영양과 맛, 향을 극대화하는 데 기여한다. 다래 발효는 과일에 포함된 당분이 유기산이나 알코올로 전환되는 과정을 통해 다래의 고유한 풍미를 강화하며, 보존성과 영양적 가치를 동시에 높인다.

발효는 자연스럽게 이루어질 수도 있지만 이를 성공적으로 관리하기 위해서는 과학적인 접근이 필요하다. 온도, 습도, pH, 산소 농도 등 발효에 영향을 미치는 여러 요소를 체계적으로 관리해야 한다. 이러한 변수들이 조화를 이룰 때 비로소 완벽한 발효를 통해 고품질의 제품을 만들어낼 수 있다.

다래 발효액 만들기 : 구체적 과정과 원리

재료 준비

다래 발효액의 품질은 재료 선택에서부터 결정된다. 신선한 토종 다래는 발효 과정에서 기본이 되는 풍미와 영양을 제공하며 설탕은 미생물이 활동하는 데 필요한 에너지원으로 사용된다. 발효 전용 용기를 사용하는 것도 중요한 단계다. 특히 발효 중 생성되는 산성 환경은 플라스틱 용기를 손상시킬 수 있기 때문에 용기 선택에 주의해야 한다.

발효 과정

【다래】 손질한 다래는 깨끗이 씻어 흠집과 상처를 제거한 뒤 껍질째 사용한다. 껍질에는 발효를 돕는 미생물이 풍부하게 존재하

기 때문에 껍질째 사용하는 것이 좋다.

【설탕과 물】 설탕과 물을 1:1의 비율로 발효통에 넣고 설탕이 완전히 녹을 때까지 저어준다 시럽을 만들고 난 뒤 당도계로 당도 측정치가 50브릭스가 되도록 한다.

【발효통에 담기】 발효를 위해 설탕 10kg과 물 10리터를 1:1로 혼합하여 만든 시럽을 발효통에 담고 준비한 다래 10kg을 발효통에 넣는다. 이때 다래가 시럽 위로 뜨지 않도록 눌림판으로 눌러 다래가 완전히 잠기게 한다.

곰팡이나 잡균의 침투를 방지하기 위해 윗부분에 설탕을 약간 더 뿌린 뒤, 발효통을 식용비닐로 덮고 고무줄로 밀봉해 공기를 차단한다.

이 과정은 발효가 위생적으로

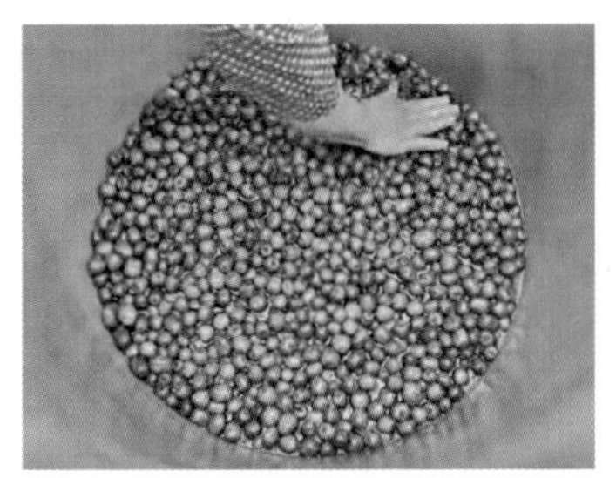

다래를 깨끗이 씻어 발효통에 담기

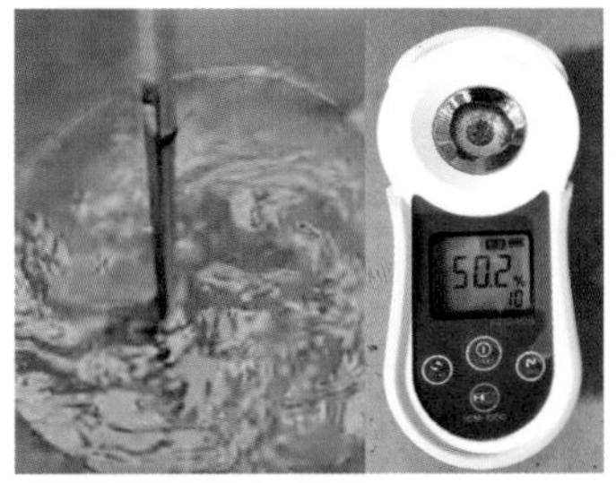

50브릭스로 시럽 만들기

다래가 뜨지 않게 눌림판으로 눌러주기

패트병에 물을 담아 다래가 뜨지 않게 하고, 윗부분에 설탕을 넣어 곰팡이균이나 잡균이 침투하지 않게 하기

진행될 수 있도록 하는 중요한 단계로, 발효 성공률과 품질에 큰 영향을 미친다.

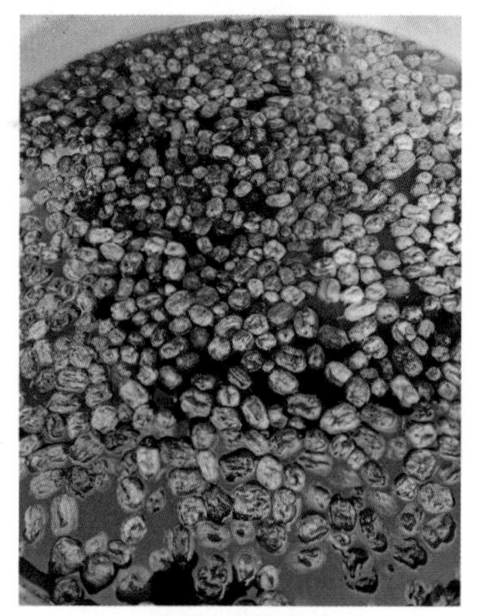

발효가 끝난 상태

【발효】 발효는 섭씨 25도 이상의 온도에서 가장 효과적으로 진행된다. 다래는 주로 가을에 수확해 발효를 시작하지만 가을철에는 온도가 충분히 높지 않은 날이 많다. 따라서 발효가 완전히 진행되기까지 시간이 걸리며, 다음 해 여름이 되어야 발효액을 걸러낼 수 있다. 이는 발효 조건을 자연 환경에 맞춰 조절하는 과정으로, 시간과 온도 관리가 중요한 요소다.

숙성이란?

숙성은 발효가 끝난 뒤, 다래 건더기를 체로 걸러내고 남은 액체를 적절한 조건에서 보관하여 맛과 향을 더욱 깊게 만드는 과정이다. 숙성은 발효를 보완하는 중요한 단계로, 미생물과 효소의 작용을 통해 식품의 영양소와 성분이 변화하며 고유의 풍미를 형성하게 된다.

숙성의 정의와 원리

- 식품 속의 영양소인 단백질, 지방, 탄수화물 등이 효소, 미생물, 염류 등의 작용으로 부패하지 않고 적절히 분해되어 각기 고유의 맛과 향을 갖게 되는 과정이다.
- 숙성은 시간, 온도, 습도 등 환경 조건에 따라 이루어지며 이를 통해 독특한 조직감과 향미를 지닌 제품이 완성된다.
- 미생물은 자신의 효소로 유기물을 분해하거나 변환하며 특유의 최종 산물을 생성한다. 이 과정에서 단순히 발효를 넘어 음식의 풍미를 더욱 강화한다.

숙성과 발효의 차이

- 숙성은 발효의 다음 단계로, 발효 과정에서 생성된 산물들이 더 안정화되고 특유의 맛과 향 이 완성된다.
- 발효가 미생물이 무산소 조건에서 유기물을 분해해 유용한 물질을 만드는 과정이라면, 숙성은 이를 더 정제하고 농축하는 과정으로 볼 수 있다.

다래 숙성의 과정

- 다래 발효액은 건더기를 걸러낸 뒤 숙성에 들어간다. 이 과정에서 당분, 단백질 등이 미생물에 의해 완전히 분해되며 새로운 맛과 향이 형성된다.
- 발효 후 숙성되지 않은 상태에서는 설탕이 완전히 분해되지 않

숙성실

숙성실 내부

아 '설탕물'로 인식될 수 있으며, 이는 숙성 과정에서 해결된다.

- 숙성 중 탄산가스가 발생하는데, 이 가스가 완전히 제거되지 않으면 제품이 유통중 터질 위험이 있다. 숙성을 통해 안정화된 제품만 유통이 가능하다.

숙성 조건과 시간

- 숙성 온도는 섭씨 15도 이상이어야 하며, 이 조건에서 미생물이 설탕을 분해한다.
- 당도는 발효액을 당도계로 측정해 약 50브릭스 수준으로 맞춰야 하며, 완전 숙성을 통해 탄산가스가 더 이상 발생하지 않도록 해야 한다.
- 우리나라 기후 조건에서는 약 2년 반에서 3년 정도의 숙성 기간이 필요하며, 이는 설탕이 완전히 분해되어 발효액이 안정화되는 데 걸리는 시간이다.

발효액 맛보기

3년 숙성

부저농원의 경험 다년 간의 실험 결과, 발효 후 최소 2년 반 이상의 숙성이 필요하다는 결론에 도달했다. 3년 이상 숙성된 제품만을 판매함으로써 안정적이고 품질 높은 다래 발효액을 소비자에게 제공하고 있다. 이 과정은 단순한 숙성을 넘어, 다래 발효액의 품질을 보증하고 소비자의 신뢰를 확보하는 핵심적인 요소다.

숙성은 발효와 함께 식품의 품질을 결정짓는 중요한 단계다. 다래 발효액은 발효 후 숙성 과정을 통해 설탕이 완전히 분해되고 특유의 깊은 맛과 향을 형성한다. 이를 통해 제품의 안정성을 확보하며 소비자에게 최고의 품질을 전달할 수 있다. 숙성은 단순히 시간의 문제가 아니라 과학적 관리와 경험적 노하우가 결합된 예술이라 할 수 있다.

발효의 과학적 원리

미생물의 역할

발효 과정은 미생물 활동에 의해 이루어진다. 효모는 알코올 발효를 통해 당분을 알코올과 이산화탄소로 전환하며, 유산균은 유기산을 생성해 발효액의 풍미를 더한다. 초산균은 알코올을 초산으로 변환하여 식초를 만드는 데 필수적이다.

발효 조건

【온도】 효모는 섭씨 20~25도 이상에서 가장 활발히 활동하며, 초산균은 약간 더 높은 온도를 선호한다. 적정 온도를 유지하는 것은 발효의 성공 여부를 결정짓는 중요한 요소다.

【pH】 발효액의 pH는 유해 미생물의 번식을 억제하고 유익한 미생물의 활동을 촉진하는 데 중요한 역할을 한다. pH 4.0~4.5는 이상적인 조건으로 평가된다.

【산소】 발효의 종류에 따라 산소의 필요성도 달라진다. 알코올 발효는 무산소 환경에서 이루어지지만 초산 발효는 산소가 필요하다. 발효 환경에 따라 산소 농도를 조절하는 것이 중요하다.

발효 제품의 응용과 가치

【다래 발효액】 다래 발효액은 건강 음료로서 인기가 높으며, 요리에 첨가해 풍미를 더하는 데도 사용된다. 나는 발효액의 품질을 일정하게 유지하기 위해 발효 조건을 철저히 관리하고 있다.

【다래 식초】 초산 발효를 통해 만들어진 다래 식초는 샐러드드레싱이나 피클, 건강 음료로 다양하게 활용된다. 다래 특유의 향과 유기산이 조화를 이루어 소비자들에게 새로운 미각 경험을 제공한다.

다래 발효액으로 나물 무침

다래 발효액으로 고기 재기

【다래 와인】 발효를 통해 다래의 당분이 알코올로 전환된 다래 와인은 고급 와인 시장에서 경쟁력을 갖춘 제품으로 자리잡고 있다. 다래의 독특한 향미는 일반적인 포도 와인과는 다른 매력을 제공한다.

부저농원의 발효 경험 부저농원에서는 다래 발효액과 식초를 생산하며 발효 과정에서 얻은 노하우를 지속적으로 발전시키고 있다. 발효 초기에는 발효 조건을 맞추지 못해 실패한 경험도 많았지만 이를 통해 온도, 습도, pH 관리의 중요성을 깨달았다. 특히 발효액은 소비자들에게 큰 인기를 얻고 있으며, 생산량의 약 60%는 발효 제품으로 가공되고 있다.

발효는 농업의 새로운 길

발효는 단순한 전통 기술이 아니라 과학적 지식과 자연에 대한 이해를 바탕으로 이루어지는 정교한 작업이다. 나는 발효 과정을 통해 다래의 가치를 극대화하고 이를 통해 농업이 소비자와 더욱 가까워질 수 있도록 노력하고 있다. 다래 발효 제품은 맛과 건강,

지속 가능성을 결합한 혁신적인 농산물로, 앞으로도 더 많은 가능성을 탐구하고자 한다. 발효는 단순히 과일을 보존하는 것이 아니라 농업의 새로운 길을 여는 열쇠다.

다래 식초 : 발효의 과학과 예술

다래는 신선한 과일로서도 훌륭하지만 발효라는 과정을 통해 그 가치를 배가할 수 있다. 다래 식초는 발효 과정을 통해 만들어지며 건강과 풍미를 모두 충족시키는 독특한 제품으로 자리 잡고 있다. 나는 다래 식초를 연구하고 개발하면서 발효가 단순한 전통 기술을 넘어 과학과 예술의 융합이라는 것을 체감했다. 이 글에서는 다래 식초를 만드는 과정과 이를 통해 얻은 경험과 노하우를 나누고자 한다.

다래 식초 만들기 : 과학과 경험의 조화

발효는 미생물이 유기물을 분해하면서 새로운 물질로 전환시키

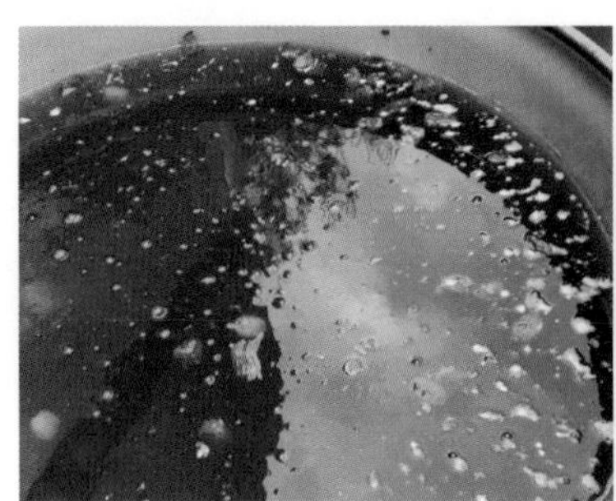

초막이 형성된 상태

다래 식초

는 생화학적 과정이다. 다래 식초의 경우 발효 과정에서 초산균이 다래 발효액의 알코올 성분을 유기산(초산)으로 변환시킨다. 이 과정은 다래의 특유한 신맛과 향을 강화하고, 이를 조리와 음용에 적합한 상태로 만든다.

발효는 자연에서 쉽게 일어나는 과정처럼 보이지만 성공적인 발효를 위해서는 미생물의 활동을 제어하고 적절한 환경을 유지해야 한다. 온도, 습도, 공기 흐름 등 다양한 요인을 고려한 세밀한 관리가 필요하다. 발효의 결과물인 다래 식초는 이러한 세심한 과정을 거쳐야만 최고의 품질을 가질 수 있다.

다래 식초의 활용

건강 음료

다래 식초는 물에 희석해 건강 음료로 즐길 수 있다. 유기산과 항산화 성분이 풍부해 소화 기능을 돕고 피로회복에 효과적이다. 특히 식후 한 잔의 다래 식초 음료는 체내 pH를 조절하고 소화 기관을 편안하게 만들어 준다.

요리의 조미료

다래 식초는 샐러드드레싱, 소스, 피클 등 다양한 요리에 활용 가능하다. 다래 특유의 신선한 풍미가 요리의 깊이를 더하고, 요리에 자연스러운 산미와 독특한 향을 부여한다. 이는 단순한 조미료를

다래발효액, 식초

식초 활용

넘어 요리의 품격을 높이는 비결이 된다.

천연 세정제

다래 식초는 천연 산성을 이용한 친환경 세정제로도 활용할 수 있다. 물에 희석해 주방이나 욕실을 청소하면 뛰어난 세정 효과를 발휘하며 화학 성분 없이도 안전하고 깨끗한 환경을 유지할 수 있다. 이는 지속 가능한 생활 방식을 실천하는 데에도 적합하다.

부저농원의 경험

나는 부저농원에서 다래 식초를 생산하며 다양한 시행착오를 경험했다. 처음에는 발효 조건을 제대로 맞추지 못해 실패했던 적이 있다. 이 과정을 통해 초산균의 활동이 발효에 얼마나 중요한지 배우게 되었고, 이를 바탕으로 발효 조건을 체계적으로 관리하는 방법을 익혔다. 특히 초산균이 활발히 활동할 수 있도록 적절한 온도(섭씨 20~30도)와 환기 조건을 유지하는 데 많은 노력을 기울였다. 식초는 5년 이상 숙성되어야 깊은 맛과 향이 좋았다 그래서 5년 숙성된 제품만 판매하고 있다.
현재는 다래 생산량의 일부를 식초로 가공하며, 소비자들에게 새로운 선택지를 제공하고 있다. 이 과정에서 소비자들의 긍정적인 피드백을 통해 다래 식초가 단순한 조미료나 음료를 넘어 건강을 위한 필수 아이템으로 자리 잡을 가능성을 확인했다.

농업과 발효의 미래

다래 식초는 단순한 조미료나 건강 음료 이상의 가치를 가진 제품이다. 발효 과정을 통해 다래는 그 자체로도 훌륭하지만, 다양한 형태와 용도로 변모하며 더 큰 가능성을 지닌다.

나는 다래 발효와 식초 생산을 통해 농업이 단순히 농작물을 재배하고 판매하는 단계를 넘어 과학과 창의성을 접목한 부가가치 창출로 나아가야 한다고 믿는다. 발효는 자연과 과학, 그리고 인간의 창의성이 어우러진 작업이다. 이를 통해 다래는 한국 전통 과일의 이미지를 넘어 세계적인 건강식품으로 자리 잡기를 기대한다.

다래 식초는 이러한 변화의 출발점이자 농업의 미래를 열어 가는 열쇠로서 중요한 역할을 할 것이다. 나는 이 과정에서 끊임없이 배우고 도전하며 더 많은 사람들이 다래와 발효의 가치를 발견하도록 돕고 싶다.

다래 제품 종류

5장 / 무성번식의 묘미

무성번식은 식물의 유전적 특성을 동일하게 유지하며 새로운 개체를 생산하는 번식 방법이다. 이 방식에서는 부모 식물의 일부를 사용하여 동일한 유전자를 가진 자식 개체를 만들어내기 때문에 품질이 균일하고 일관된 수확이 가능하다. 이러한 무성번식의 대표적인 방법 중 하나가 삽목이다. 삽목은 부모 식물의 가지나 줄기 일부를 잘라내어 적절한 환경에서 발근시킴으로써 새로운 묘목을 만드는 과정이다.

다래는 이러한 무성번식, 특히 삽목에 매우 적합한 작물이다. 다래는 맹아력이 뛰어나 새로운 싹을 잘 내며 세근(가는 뿌리)의 발달이 우수하여 발근이 용이하다. 이러한 생리적 특성 덕분에 다래는 삽목을 통해 빠르고 효율적으로 증식할 수 있으며 유전적 일관성을 유지하면서도 대량 생산이 가능하다. 삽목으로 번식된 다래 묘목은 균일한 생육과 결실 특성을 보여 농업 생산성 측면에서도 큰 장점을 제공한다.

1. 삽목하는 시기 및 방법

무성번식(삽목) : 다래 증식의 핵심 기술

다래는 품질이 우수한 과일로, 재배 농가와 소비자 모두에게 큰 가치를 지닌 작물이다. 다래의 번식 방법으로는 실생, 접목, 삽목이 모두 가능하지만 경제성과 관리의 용이성을 고려할 때 삽목이 가장 널리 사용된다. 특히 다래의 맹아력과 세근 발달 특성은 삽목을 통해 유전적으로 동일한 품질의 묘목을 대량으로 생산하기에 적합하다. 이 글에서는 다래의 삽목 증식 방법과 그 과정에서의 핵심 사항을 공유하고자 한다.

다래 번식 방법

다래의 번식에는 크게 실생묘와 삽목묘 두 가지 방법이 있다. 각각의 방식은 특정한 목적과 환경에 적합하며 농업 생산성을 높이는 데 중요한 역할을 한다.

실생묘

실생묘는 다래의 종자를 이용해 번식하는 방식이다. 이는 새로운 유전적 조합을 얻거나 특정 환경에서 생육 적응성을 연구할 때 유용하다.

종자 준비

9월에서 10월 사이에 수확한 과실을 후숙시킨 뒤 과육을 완전히 제거하고 종자만 선별한다.

종자를 깨끗하게 세척한 뒤 모래와 섞어 0~5℃의 저온저장고나 물빠짐이 좋은 노천에 매장하여 휴면을 타파한다. 이러한 과정을 통해 종자는 발아력을 유지하고 휴면 상태에서 벗어나도록 준비된다.

파종

종자는 포트나 상자에 파종하며 발아 최적 온도인 20~25℃에서 약 3~4주 뒤 발아가 시작된다. 실생묘는 유전적 변이가 발생할 가능성이 있어 동일 품질의 묘목을 대량 생산하기에는 적합하지 않다. 하지만 다양한 유전적 특성을 탐구하거나 새로운 품종 개발에 있어 중요한 기법이다.

삽목묘

삽목은 다래 번식에서 가장 널리 사용되는 방법이다. 이는 동일한 유전적 특성을 유지하면서 품질이 우수한 묘목을 대량으로 생산할 수 있다는 장점이 있다.

녹지 삽목

녹지 삽목은 다래의 신초를 이용하여 번식하는 방법으로, 다음과 같은 과정으로 진행된다.

모수(母樹) 선정

결실이 우수하고 병해충 저항성이 강한 모수를 선택한다. 모수의 특성은 삽목 묘목의 품질에 직접적인 영향을 미친다.

삽수 채취

삽수는 당해 연도에 자란 새 가지(신초)가 굳어지기 직전인 7~8월 장마철에 채취한다. 눈과 잎이 각각 2~3개와 3~4장 정도 달리도록 15cm 전후의 길이로 조제한다. 이때 삽수의 눈 밑을 비스듬히 잘라(45도 각도) 절단

눈밑을 45도 각도로 절단

면의 표면적을 넓히고 눈 밑이 뿌리 형성을 촉진한다.

발근제 처리

삽수의 절단면에 발근제를 묻혀 뿌리 생성을 촉진한다. 발근제는 성공률을 높이는 데 중요한 역할을 한다.

발근촉진제

화분에 상토 넣고 톱신페스트 바르기

삽목 심기

화분에 배수가 잘 되는 가는 마사토가 좋다. 요즘은 원예용 상토를 많이 쓴다. 삽수의 절반 정도가 토양에 묻히도록 하고 토양과 삽수 사이에 공기가 들어가지 않도록 잘 다진다. 삽목 후 습도를 유지하기 위해 그늘을 만들에 준다. 이는 발근과 초기 생장을 촉진한다.

환경 관리

녹지 삽목은 습도와 온도 유지가 성공의 관건이다. 이상적인 온도는 20~25℃, 습도는 85% 이상으로 설정해야 한다. 삽목 후 2~4주가 지나면 뿌리가 형성되기 시작한다.

휴면지 삽목 : 성공적인 다래 번식을 위한 세심한 과정

다래는 휴면지 삽목을 통해 번식할 수 있는 맹아력이 강한 식물이다. 휴면지 삽목은 다래 품종을 안정적으로 증식시키고 품질 높은 묘목을 생산하기 위해 가장 널리 사용되는 방법 중 하나다. 이 과정은 단순히 가지를 자르고 심는 작업이 아니라 모수의 선택에서부터 삽수 보관, 삽목 후 관리까지 세심한 과정을 요구한다. 나는 여러 해 동안 다래 삽목을 진행하며 얻은 경험과 노하우를 바탕으로 휴면지 삽목의 핵심 요소를 소개하고자 한다.

모수의 선택과 삽수 채취

휴면지 삽목의 성공 여부는 건강하고 적합한 모수의 선택에서 시작된다. 삽수는 모수의 상태를 그대로 반영하기 때문에 결실이 잘 되는 5년 이상 된 튼튼한 어미나무를 선택해야 한다.

【삽수 채취 시기】 삽수 채취는 동계 전정 시기에 이루어진다. 남부 지방을 기준으로 12월 말에서 1월 말 사이가 적합하다. 이 시기는 수액 유동이 멈추어 나무가 휴면 상태에 있는 시기로, 삽수의 품질이 가장 좋다. 다래는 수액 이동이 빠른 수종으로, 1월을 지나 따뜻해지면 가지 끝에서 물방울이 맺히기 시작한다. 이러한 상태는 삽목에 적합하지 않으므로 반드시 한겨울에 삽수를 채취해야 한다.

【삽수 선택과 처리】 당해 연도에 생장한 결과지를 절단하고 튼튼하며 눈이 충실한 가지를 선별한다. 삽수의 길이는 10~20cm로 하며 눈은 3~4개 정도 남기도록 한다. 다래나무의 눈은 다른 과수와 달리 눈이 가지 아래 방향으로 행해 있어 하단의 눈 밑을 45도 각도로 절단한다. 이 방식은 발근 면적을 넓히고 눈밑에서 발근이 잘 되어 성공률을 높인다.

삽수 보관과 발근제 처리

【삽수 보관】 삽수를 채취한 뒤 바로 삽목하지 않을 경우 적절한 보관이 필요하다. 삽수는 쉽게 건조될 수 있으므로 기부를 신문지로 감싼 뒤 비닐봉투에 밀봉보관한다. 이상적인 보관 온도는 0~4도이며 저온저장고에 보관하면 삽수의 신선도를 오래 유지할 수 있다.

다래나무 눈은 밑으로 향함

신문지로 감싸기

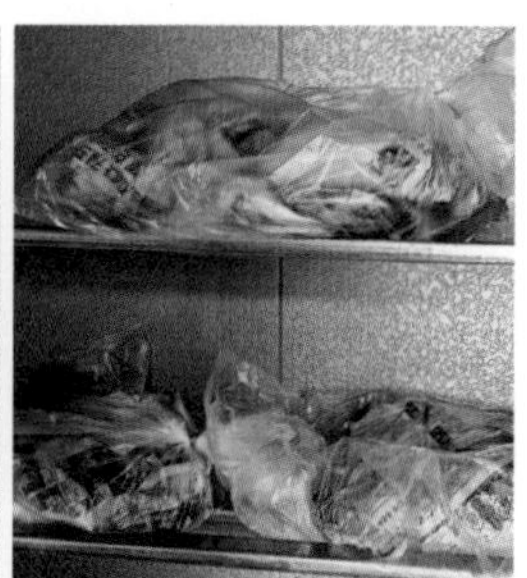

저온저장고에 보관

【발근제 처리】 삽수의 하단 절단면에는 발근제 처리를 하여 발근률을 높인다. 발근제는 루톤(가루), 뿌리나라(액상) 등 다양한 형태가 있다. 적절한 제품을 선택해 절단면에 골고루 묻혀 주는 것이 중요하다.

삽목 과정과 환경 관리

【삽목 시기】 삽목은 보통 4월 중순 경에 이루어진다. 남부 지방에서는 3월 말경에 시작할 수 있다. 비닐하우스를 이용할 경우 보다 이른 시기에 삽목을 실시해도 무방하다.

【삽목 방법】 준비된 삽수를 상토에 삽입한다. 상토는 배수가 잘되는 가는 마사토를 사용하는 것이 좋으며, 요즘은 원예용 상토를 많이 사용한다. 삽수 삽입 후 상토를 충분히 눌러 고정시킨다. 삽목 직후 삽수의 윗부분 절단면에 수분증발, 살균효과, 상처회복 등을 위해 톱신페스트, 밀랍 등 도포제를 발라준다.

【환경 관리】 삽목 후에는 높은 습도를 유지하는 것이 필수적이다. 습도가 낮으면 삽수가 말라 발근이 어려워질 수 있다. 삽목 환경의 온도는 20~25도가 적합하며 직사광선을 피하고 간접광이 드는 곳에서 삽목을 진행해야 한다.

발근과 관리

【발근 과정】 발근은 적절한 환경에서 진행되면 90% 이상의 성공률을 보인다. 이는 다래의 맹아력이 강하기 때문이다. 삽목 후 약 2~3주가 지나면 삽수의 기부에서 뿌리가 자라기 시작한다.

【관리 방법】 삽목한 삽수가 안정적으로 뿌리를 내릴 수 있도록 일

정한 온도와 습도를 유지한다. 과도한 물 주기는 피하고 상토가 촉촉한 상태를 유지하도록 관리한다.

삽목 후 관리와 이식

발근이 완료된 삽목묘는 일정 기간 동안 더 자라게 한 뒤 적절한 시기에 이식한다. 이식은 성장 환경을 고려해 진행하며 이식 후에도 충분한 관리를 통해 묘목이 건강하게 자랄 수 있도록 해야 한다.

【휴면지 삽목의 가치와 가능성】

휴면지 삽목은 다래 번식에서 가장 신뢰할 수 있는 방법 중 하나다. 이 과정은 다소 복잡하고 세심한 관리를 요구하지만 올바르게 실행하면 높은 발근률과 품질 좋은 묘목을 얻을 수 있다. 나는 이 과정을 통해 다래 품종의 안정성과 생산성을 크게 향상시킬 수 있었고, 이러한 경험이 다른 농가에도 도움이 되길 바란다. 삽목은 단순한 번식 기술을 넘어, 농업의 미래를 여는 중요한 열쇠다.

【삽목 성공률을 높이는 요인】

삽목 성공률을 높이기 위해서는 다양한 요인을 세심하게 관리해야 한다. 가장 중요한 것은 건강한 모수를 유지하는 것이다. 삽수를 채취하기 전, 모수에 적절한 퇴비를 공급하고 병충해를 철저히 방제하여 모수의 건강 상태를 최상으로 유지해야 한다.

환경 조건 또한 삽목 성공의 핵심적인 요소다. 삽목 과정에서는 적절한 온도와 습도를 유지하고 직사광선을 피하며 간접적인 빛이 드는 환경에서 삽수를 관리해야 한다. 이러한 조건은 발근에 필요한 안정된 환경을 제공한다.

위생 관리 역시 성공적인 삽목을 위해 반드시 지켜야 할 사항이다. 삽목 과정에서 사용하는 모든 도구와 용기를 철저히 소독하여 병원균의 침투를 막아야 한다. 비위생적인 환경은 발근 실패의 주요 원인 중 하나로, 이를 방지하기 위해 위생 관리를 철저히 해야 한다.

또한 삽수의 절단면 처리는 발근 성공에 중요한 역할을 한다. 절단면이 신선하고 매끄러워야 수분 흡수와 발근이 원활하게 이루어진다. 특히 절단면을 비스듬히 자르면 수분 흡수 면적이 넓어져 발근에 유리하다. 이처럼 삽목 성공률을 높이기 위해서는 모수 관리, 환경 조건, 위생, 그리고 절단면 처리까지 모든 과정을 철저히 관리해야 한다.

부저농원의 경험

부저농원에서는 다래의 삽목 과정을 체계적으로 관리하며 높은 성공률을 달성했다. 특히 휴면지 삽목을 통해 생산된 묘목은 생육이 왕성하고 결실량이 우수했다. 삽수 채취부터 발근 관리까지의 세부적인 과정은 매년 데이터를 기록하며 개선해왔다. 이러한 노력은 다래 농가에 실질적인 도움을 주고 품질 높은 묘목을 안정적으로 공급하는 데 기여하고 있다.

다래의 무성번식, 특히 삽목은 과학적 원리와 세심한 관리를 통해 성공적인 결과를 얻을 수 있다. 삽목은 단순히 묘목을 생산하는 기술이 아니라, 농업의 생산성과 품질을 높이는 핵심 도구다. 나는 이 과정을 통해 다래 재배의 가능성을 확장하며 농업의 가치를 새롭게 조명하고 있다. 삽목은 과학과 자연의 조화를 이룬 농업 기술의 정수다.

교육생들 삽목 실습 장면

화분에 상토를 넣고 삽수 꽂기

삽목 1개월 뒤

삽목 3개월 뒤

삽목 가을

가을에 화분에서 분리 후 정식하기

2. 접목하는 시기 및 방법

접목의 기술 : 다래 품종의 가치 향상을 위한 섬세한 작업

다래나무는 재배 후 품종의 품질이 기대에 미치지 못할 경우에도 나무를 베어내지 않고 접목을 통해 품종을 바꿀 수 있는 장점이 있다. 이는 다래가 가지는 생육의 유연성과 번식력을 활용한 효과적인 방법이다. 나는 접목 기술을 통해 다래 품종의 다양성을 실현하며 품질 향상을 이루고자 노력했다. 접목은 단순히 두 나무를 연결하는 작업이 아니라 적절한 시기와 세심한 기술, 그리고 경험이 결합되어야 성공할 수 있다.

접목 시기의 중요성

다래 접목의 적기는 계절과 나무의 생육 상태를 고려해야 한다. 접목 시기를 놓치면 성공 확률이 크게 낮아지기 때문에 정확한 판단이 필요하다.

접목 준비

- 접목할 어미나무는 결실이 잘되는 5년 이상 된 나무를 선택한다. 이 나무는 품종의 특성과 유전적 우수성이 안정적이어야 한다.
- 접목에 사용할 우량 1년생 발육지는 휴면기 전정 시기에 채취하며 보통 12월 말에서 1월 말 사이가 적합하다.
- 채취한 발육지는 신문지로 싸고 비닐봉지에 넣은 뒤 저온저장고(0~4도)에 보관한다. 이는 발육지가 건조되거나 손상되는 것을 방지하기 위함이다.

접목 시기

- 접목은 개엽기(잎이 피는 시기)가 지난 5월 하순에서 6월 초순에 이루어진다. 이 시기는 수액의 이동이 거의 정지된 상태로 접수가 대목과 잘 융합될 수 있는 환경을 제공한다.

접목 방법

다래 접목은 절접, 복접, 기접 등 다양한 방법으로 이루어진다. 각각의 방법은 나무의 상태와 환경 조건에 따라 선택된다.

절접(깎기 접목)

접수 준비

- 접목에 사용할 가지는 충실한 눈이 1~2개 있는 발육지 중간 부분을 선택한다.
- 접수는 한쪽 면은 수직으로 평평하게 2~3cm 정도 자르고, 반대쪽은 50~60도의 경사로 자른다. 이는 대목과 접수의 형성층을 정확히 맞추기 위한 작업이다.

대목 준비

- 대목의 줄기를 근부로부터 5~6cm 남기고 절단한다.
- 대목 절단 부위는 목질부가 약간 포함되도록 뿌리 방향으로 2~3cm 정도 수직으로 가른다.

대목 절단

접목 작업

- 대목의 절개 부위에 접수를 끼워 넣는다. 접수와 대목의 형성층이 완벽히 일치하도록 맞춘다.

접수 끼우기

- 접수와 대목의 굵기가 같지 않을 경우 한쪽 면의 형성층만 정확히 맞춘 뒤 접목 부위를 접목 테이프로 단단히 고정한다.

접목 후 관리

- 접목 부위를 케이블타이로 고정해 바람에 의해 접목 부위가 부러지는 것을 방지한다.
- 가을까지 접목 부위를 주기적으로 점검하며 안정적인 결합이 이루어졌는지 확인한다.

접목 테이프로 고정

복접(허리 접목)

복접은 대목의 줄기를 완전히 절단하지 않고 허리 부분에 틈을 내어 접수를 끼워 넣는 방식이다. 이 방법은 대목의 생장을 유지하면서 새로운 품종을 도입할 수 있는 장점이 있다.

대목 허리 부분에 접수 끼워넣기

- 대목 줄기를 근부로부터 5~6cm 남기고 절단한다.
- 대목의 절단 부위를 수직으로 2~3cm 가른 뒤 접수를 끼워 넣

는다.

– 형성층이 잘 맞도록 한쪽 면을 고정하고 접목 테이프로 단단히 묶는다.

기접(상처 묶기 접목)

기접은 두 나무의 상처난 줄기를 서로 맞대어 묶는 방식이다. 남부 지방의 키위 농가에서는 추위에 강한 바운티71 품종을 기존 키위 나무에 기접해 재배하는 사례가 늘고 있다. 이는 다래 접목에도 적용할 수 있는 방법으로, 환경 조건에 따라 유연하게 활용할 수 있다.

키위 나무 기접

접목 후 관리

접목은 성공적인 결합이 이루어진 이후에도 철저한 관리가 필요하다. 접목 부위가 바람이나 기후 변화로 손상되지 않도록 주의해야 한다.

고정 작업

접목 부위를 케이블타이로 고정하여 바람에 의한 손상을 방지한다.

수분 공급

접목 초기에는 충분한 수분을 공급해 대목과 접수의 결합이 원활히 이루어지도록 한다(단, 과도한 수분 공급이 되면 접수가 붙지 않아 반드시 가지끝을 남겨두거나 다른 가지를 남겨 두어야 한다).

해충 방제

접목 부위는 해충의 침투에 취약할 수 있으므로 방제 작업을 병행한다.

부저농원의 경험

2006년, 나는 조윤섭 박사와 함께 키위 품종(헤이워드)을 대목으로 사용해 다래 접목을 시도했다. 이 방법은 뿌리 발달이 좋다는 장점이 있었지만, 봄철 꽃샘추위로 인해 대목이 얼어 죽는 일이 발생했다. 이를 통해 대목 선택의 중요성을 깨달았고, 이후 토종다래 씨앗을 뿌려 키운 대목에 접목하는 방식으로 전환했다.

10년 전, 3년 이상 된 큰 나무에 접을 붙일 때 여러 가지에 전부 접을 붙였는데 나무가 죽은 일이 발생했다. 나중에 원인을 확인한 결과 수액 이동이 막혀 발생한 일이었다. 반드시 한 가지는 남겨 두어야 한다.

접목은 다래 품종의 개선과 보급을 위한 핵심 기술이다. 나는 접목을 통해 새로운 품종을 도입하고 기존 품종의 한계를 극복하며 다래 산업의 가치를 높이고자 했다. 이 기술은 단순한 농업 작업을 넘어, 자연과 인간의 조화로운 협력을 통해 농업의 미래를 열어가는 도구다. 앞으로도 나는 접목 기술을 더욱 발전시키고 이를 통해 한국 다래가 세계적인 과일로 자리 잡을 수 있도록 노력할 것이다.

교육생들 접순 자르기 실습

수나무에 암나무 접붙인 모습

바람에 접목 부위 손상되지 않게 케이블타이로 고정하기

6장

전지 전정은 필수

1. 전지 · 전정(가지치기)의 목적
: 다래 재배의 핵심 기술

다래 재배에서 전지 전정은 단순히 가지를 자르는 작업이 아니라 나무의 생산성과 건강을 유지하고, 안정적인 수확량을 보장하기 위한 필수적인 농업 기술이다. 전정을 통해 나무의 결과습성을 이해하고, 이를 기반으로 가지를 적절히 관리하면 해거리를 방지하고 안정적인 생산량을 확보할 수 있다. 나는 다래 재배 과정에서 전정이 과실 생산과 나무 건강에 얼마나 중요한 역할을 하는지 깊이 체감했다. 여기에는 과학적 원리와 경험적 지혜가 어우러져 있다.

전지 전정의 목적 : 생산성과 안정성을 위한 작업

전지 전정은 단순히 나무의 모양을 다듬는 작업이 아니라 나무의 생리적 특성을 고려하여 결과습성을 극대화하고, 과실의 품질과 수확량 증대, 결실관리 등을 개선하는 작업이다.

과실 수확량 증대

전정을 통해 결과지와 발육지의 균형을 맞추고 나무가 영양분을 효율적으로 사용할 수 있도록 돕는다. 결과지를 남기고 발육지를 제거함으로써 과실 생산에 집중할 수 있다.

안정적인 생산량 확보

해거리를 방지하기 위해 전정은 필수적이다. 해거리란 한 해는 과다한 결실로 인해 나무가 약해지고, 다음 해에는 결실이 거의 없는 현상을 말한다. 적절한 전정을 통해 이러한 현상을 최소화할 수 있다.

병충해 예방

과도한 가지가 남아 있으면 나무 내부로 햇빛과 공기가 충분히 들어오지 못해 병충해 발생률이 높아진다. 전정은 나무 내부의 통풍과 채광을 개선하여 병충해를 예방하는 데 중요한 역할을 한다.

다래의 결과습성 : 전정의 기초

다래 나무의 결과습성을 이해하는 것은 전지 전정을 효과적으로 수행하기 위한 첫걸음이다. 결과습성은 꽃눈의 분화와 결실 과정에서 나타나는 특성을 말한다.

꽃눈의 분화

다래의 꽃눈(화아花芽)은 전년도에 자라난 새 가지(예비지 또는 결과모지)의 엽겨드랑이 줄기눈 속에서 한여름 동안 분화된다. 이 과정은 다래 나무가 결실을 준비하는 첫 단계이며, 나무의 생리적 상태와 밀접한 관련이 있다.

【꽃눈의 위치】 꽃눈 분화는 줄기의 하단이나 상단부의 약한 부분에서는 잘 이루어지지 않는다. 대신 줄기 기부에서부터 약 5마디 이후의 충실한 부분에서 시작되며 심지어 25마디까지 꽃눈 분화가 이루어질 수 있다.

【꽃눈의 수】 마디당 1개에서 최대 3개의 꽃눈이 형성될 수 있으며, 이는 결과지의 길이와 생리적 상태에 따라 달라진다.

발아와 결실

이듬해 4월, 꽃눈은 신초로 발아하며 발아한 신초의 엽겨드랑이에서 꽃봉오리가 생성된다. 이 꽃봉오리는 5월 중하순에 개화하여 수꽃가루를 받아 과실이 맺힌다. 결과지는 열매를 맺는 데 중요한 역할을 하며, 전정 과정에서 신중히 다루어야 한다.

결과지와 발육지

【결과지】 결과지는 열매를 맺는 가지로, 짧게는 5~10cm, 길게는 1~2m까지 성장할 수 있다. 결과지는 결실을 위해 남겨두어야 한다.

【발육지】 발육지는 열매가 달리지 않고 영양생장만을 하는 가지로, 길이가 3~5m 이상 자랄 수 있다. 발육지는 과도한 생장을 억제하기 위해 적절히 제거해야 한다.

전지 전정 방법 : 결과지와 발육지의 균형 유지

전지 전정은 결과지와 발육지의 균형을 유지하며, 나무가 최적의 결실 조건을 갖추도록 돕는 작업이다.

전지 전정의 시기

전지 전정은 나무의 휴면기에 수행하는 것이 이상적이다. 일반적으로 겨울철에 이루어지며 이 시기는 나무의 생리적 활동이 멈춘 상태이기 때문에 스트레스가 최소화된다.

전지 전정의 기본 원칙

- 결과지는 결실을 위해 남기되, 과도한 마디 수를 가지지 않도록 적절히 절단한다.
- 발육지는 과다한 생장을 억제하기 위해 제거하거나 단축한다.
- 가지의 방향과 배열을 고려하여 나무 내부로 햇빛과 공기가 원활히 들어올 수 있도록 한다.

다래나무에 적합한 전지 전정 방법

- 결과지와 발육지를 구분하여 결과지는 남기고 발육지는 제거한다.
- 마디당 결실 가능성을 높이기 위해 가지의 충실한 부분을 중심으로 전정한다.
- 가지치기 도구를 항상 소독하여 병원균의 전파를 방지한다.

부저농원의 경험 나는 부저농원에서 관리하고 있는 다래나무의 전지 전정을 통해 안정적인 수확량과 높은 품질을 유지하고 있다. 경험을 통해 얻은 몇 가지 교훈을 공유하고자 한다.

결과지(열매가지) 관리

결과지는 결실의 핵심이다. 충실하고 건강한 가지는 남기고 약하거나 불필요한 가지는 제거한다. 이를 통해 과실의 품질과 크기를 개선할 수 있었다.

발육지 정리

발육지는 과도한 생장을 방지하기 위해 적절히 제거해야 한다. 발육지를 방치하면 나무의 영양분이 분산되어 결실에 부정적인 영향을 미친다.

햇빛과 공기 순환

전지 전정 과정에서 나무 내부로 햇빛과 공기가 충분히 들어가도록 가지를 정리하면 병충해 발생률을 크게 줄일 수 있다.

전지 전정의 중요성

전지 전정은 다래나무의 건강과 생산성을 유지하기 위한 필수 작업이다. 올바른 전정을 통해 결과습성을 극대화하고 해거리를 방지하며 안정적인 수확량을 확보할 수 있다.

부저농원의 경험 나는 부저농원에서 이러한 원칙을 기반으로 다래나무를 관리하며 고품질 다래 생산을 위해 끊임없이 노력하고 있다. 전지 전정은 단순한 작업이 아니라 과학과 경험이 결합된 예술이다. 이는 다래 재배의 성공을 결정짓는 핵심 요소다.

결과지는 남기고 (새가지) 불필요한 가지 제거

전정가위 소독 : 감염 예방과 다래나무 건강 관리의 시작

전지 전정은 다래나무의 생육과 결실을 최적화하기 위한 필수 작업이다. 그러나 이 과정에서 간과하기 쉬운 점이 전정가위의 소독이다. 전정 도구는 나무를 다룰 때마다 다양한 병원균의 매개체가 될 수 있다. 따라서 전정가위 소독은 단순한 작업 이상의 중요성을 가지며 나무의 건강을 지키고 감염을 예방하는 첫걸음이다. 나는 다래나무를 전정하면서 전정가위의 위생 관리가 얼마나 중요한지 절실히 깨달았다.

전정가위 소독의 중요성

【2차 감염 방지】 전지 전정은 나무에 상처를 내는 작업이다. 이 상처는 나무가 병원균에 노출되는 주요 경로가 된다. 특히 오염된 전정가위를 사용하면 병원균이 한 나무에서 다른 나무로 전파되어 병해충이 확산될 위험이 크다. 다래나무의 경우, 곰팡이병이나 세균성 감염이 전지 전정 후 상처를 통해 퍼질 수 있다.

【작업 과정에서의 예방】 나는 다래나무를 전지 전정할 때 사용 전 알코올 소독하고 한 그루의 나무를 끝낸 뒤 다음 나무로 넘어가기 전에 반드시 전정가위를 소독한다. 이 과정은 간단하지만 병원균의 전파를 막는 데 결정적인 역할을 한다. 소독하지 않은 전정가위는 감염 확산의 주된 원인이 될 수 있다.

소독 방법 : 실용적이고 효과적인 방식

알코올 소독과 화염 살균

전정가위 소독

큰 가위 소독

전정가위를 소독하는 가장 효과적인 방법 중 하나는 알코올을 사용한 화염 살균이다. 알코올을 묻힌 뒤 전정가위를 화염으로 가열하면 병원균이 완전히 사멸한다. 이 방법은 간단하면서도 높은 살균 효과를 보장한다. 다만 가위를 과도하게 가열하지 않도록 주의해야 한다. 금속의 변형을 방지하려면 가위를 살짝 데우는 정도로만 열을 가하는 것이 좋다.

도포제 활용

전지 전정 후 나무의 상처 부위에 도포제를 바르는 것도 중요하다. 나는 주로 톱신이나 실바코와 같은 제품을 사용해 상처 부위를 보호한다. 이러한 도포제는 병원균이 상처를 통해 나무에 침입하는 것을 차단하며, 상처 치유를 촉진한다. 이는 전정 후 발생할 수 있는 감염을 최소화하는 효과적인 방법이다.

전정가위의 선택과 관리

전정가위의 중요성

전정 작업에서 사용하는 도구는 작업의 효율성과 품질에 큰 영향을 미친다. 나는 다양한 제품을 사용해본 결과, 잔가지 전정을 위한 아로스 제품이 절삭력이 뛰어나고 사용하기 편하다는 점에서 만족스러웠다. 굵은 가지 전정에는 피스카스 제품이 가성비가 좋았다.

국산 제품의 한계와 기대

나는 국산 전정가위를 애용하려 노력했지만 내구성과 성능면에서 한계를 느꼈다. 국산 가위는 날이 쉽게 무뎌지거나 날 사이가 벌어져 작업 효율이 떨어지는 경우가 많았다. 이러한 경험은 전정 작업의 품질을 높이기 위해 도구 선택이 얼마나 중요한지를 다시 한번 깨닫게 했다. 앞으로는 품질이 우수한 국산 제품이 개발되기를 기대하고 있다.

전정가위 관리

전정가위는 단순히 소독하는 것에 그치지 않고 작업 후 철저히 관리해야 한다. 사용 후에는 가위를 알코올로 깨끗이 닦아 보관하고, 날을 정기적으로 갈아주는 것이 중요하다. 날이 무뎌지면 전정 과정에서 나무에 과도한 압력을 가해 상처를 악화시킬 수 있다.

전정 작업의 과학적 접근

병원균 확산의 차단

전정가위를 통한 병원균 확산은 간단한 소독으로 효과적으로 차단할 수 있다. 나는 이를 과학적으로 접근하며 소독 과정이 나무의 생육과 생산성에 미치는 영향을 분석했다.

예방적 농업

전정가위 소독은 예방적 농업의 대표적인 사례다. 나무가 병에 걸린 뒤 치료하는 것보다 병의 발생을 예방하는 것이 훨씬 경제적이고 효율적이다. 이는 전정가위 소독이 단순한 작업 이상의 의미를 가지는 이유다.

부저농원의 경험 부저농원에서 나는 전지 전정 작업 중 소독과 도구 관리의 중요성을 몸소 경험했다. 전정 초기에는 소독을 소홀히 해 병원균 전파로 인한 손실을 겪은 적이 있다. 이후 나는 전정가위 소독을 철저히 시행하며 나무의 건강 상태가 눈에 띄게 개선되는 것을 확인했다. 이러한 경험은 전정가위 소독이 단순한 위생 관리를 넘어 농업의 성과를 좌우하는 중요한 요소임을 깨닫게 했다.

전정가위 소독은 다래 재배에서 건강한 나무를 유지하고 병원균의 확산을 방지하는 필수적인 과정이다. 나는 소독을 통해 전정 작업의 품질과 효율성을 높이고 농장의 생산성을 향상시켰다. 전정가위 소독은 단순한 작업이 아니라 다래 재배의 지속 가능성과 성

공을 위한 중요한 기초 작업임을 다시 한 번 강조하고 싶다. 앞으로도 나는 위생 관리와 도구 선택에 신중을 기하며 농업의 발전과 품질 향상에 기여하고자 한다.

2. 수형과 가지치기
: 다래 재배의 핵심

다래 재배에서 수형 관리와 가지치기는 생산성과 품질을 좌우하는 중요한 작업이다. 올바른 수형을 유지하고 적절한 가지치기를 통해 나무의 결과습성을 극대화하면 다래는 보다 풍부한 결실과 높은 상품성을 보장할 수 있다. 나는 다래 재배를 통해 이러한 작업의 중요성을 깊이 체감했으며, 이를 실현하기 위한 실용적이고 과학적인 방법을 연구해 왔다.

다래의 결과습성 : 결실의 기초 이해

다래의 결과습성은 꽃눈 분화와 발아 과정에서 명확히 드러난다. 이 과정은 다래의 생장과 결실에 대한 기본적인 이해를 제공하며 가지치기와 수형 관리의 방향성을 결정한다.

화아 분화

다래의 꽃눈(화아)은 전년도에 자라난 가지에서 분화가 시작된다. 전년도에 형성된 새 가지(예비지 또는 결과모지)의 엽겨드랑이 줄기눈 속에서 여름 동안 꽃눈의 원기가 잉태된다. 이 과정은 다래나무가 결실을 준비하는 첫 단계다. 예비지 상에서 꽃눈 분화는 가지의 하단이나 상단의 약한 부분에서는 거의 이루어지지 않고 주로 가지 기부에서부터 약 5마디 이후 충실한 줄기 부분에서 나타난다.

꽃눈의 발아와 결실

꽃눈은 이듬해 4월경 신초로 발아하며, 발아한 신초의 엽겨드랑이에서 꽃봉오리가 생성된다. 이 꽃봉오리는 5월 중하순에 개화하여 수분 과정을 거치며 과실을 맺는다. 다래나무는 마디당 하나 또는 세 개(측과 포함)의 결실이 이루어지며 25마디까지 결실 가능하다. 이는 다래 나무의 가지가 단순한 생장뿐만 아니라 결실에도 중요한 역할을 한다는 것을 보여준다.

결과지와 발육지

결과지는 열매를 맺는 가지로, 짧게는 5~10cm, 길게는 1.2m 이상까지 성장할 수 있다. 반면 당해 연도 열매가 달리지 않고 영양생장만을 하는 발육지는 3~5m까지 자랄 수 있다. 결과지와 발육지의 구분은 가지치기와 수형 관리의 기본이다. 결과지는 결실을 목적으로 남겨두고 발육지는 과도한 생장을 억제하기 위해 적절히 제거해야 한다.

묵은가지, 발육지 전지 전정 전(前)

묵은가지, 발육지 전지 전정 후(後)

수형 : 다래 재배의 틀

다래의 수형은 결과지와 발육지의 균형을 유지하며 나무가 최적의 생장 환경을 갖추도록 하는 데 필수적이다. 다양한 수형 방식 중 상업적 재배에 가장 적합한 방식은 평덕식 수형이다.

평덕식 수형

평덕식 수형은 다래 재배에서 가장 널리 사용되는 방식이다. 이 방식은 일문자형, X자형, 우산형, 다지주형 등 다양한 형태로 나뉘지만 관리와 수확의 편리성을 고려할 때 일문자형이 가장 효율적이다. 일문자형 수형은 가지를 일직선으로 뻗게 하여 햇빛 투과율을 높이고, 작업자의 접근성을 향상시키는 데 효과적이다.

부저농원의 경험

나는 부저농원에서 평덕식 수형 중 일문자형 방식을 채택하고 있다. 이 방식은 관리와 수확이 용이하며, 초기 공사비를 절감할 수 있는 장점이 있다. 특히 윗부분에 설치하는 파이프는 가지가 뻗어가는 반대 방향으로 설치하는 것이 효율적이다. 격자 형태의 설치는 공사비가 많이 들고 전지 전정 작업 시 불편함을 초래하므로 권장하지 않는다.

일부 농가에서 강선을 사용하는 경우도 있지만 다래나무의 특성상 강선을 감고 올라가는 습성이 강해 관리가 어렵다. 몇 년 뒤 강선이 늘어졌을 때 보수하는 데도 어려움이 크다. 이러한 경험은 수형 관리가 단순한 작업 이상으로, 장기적인 계획과 실용적 접근이 필요하다는 것을 보여준다.

수형과 가지치기의 과학적 접근

수형과 가지치기는 다래 재배에서 단순히 나무의 모양을 다듬는 작업이 아니다. 이는 결실을 극대화하고 나무의 건강을 유지하며 재배자의 노동 효율성을 높이는 중요한 과정이다. 나는 부저농원에서 평덕식 수형과 가지치기를 통해 다래 재배의 생산성과 품질을 동시에 향상시켰다. 이 과정은 경험과 과

수형과 가지치기 전(前)

묵은가지, 발육지 전지 전정 후(後)

학적 접근이 결합된 결과이며, 앞으로도 이를 기반으로 다래 재배의 새로운 가능성을 모색하고자 한다.

수형과 가지치기는 농업의 예술과 과학이 결합된 작업이다. 다래 재배에서 이 두 가지 요소는 결실의 기반을 제공하며 품질 높은 다래를 생산하는 데 필수적인 역할을 한다. 나는 이러한 작업을 통해 다래의 가치를 높이고 소비자에게 더 나은 품질의 과일을 제공하기 위해 노력하고 있다.

3. 여름 전정
: 다래 재배의 세심한 관리

여름 전정은 다래 재배에서 생육기의 균형을 유지하고 다음 해의 결실을 준비하기 위한 중요한 관리 작업이다. 나무의 생육 상태를 조정하고, 필요 없는 가지를 제거하며, 결과모지가 건강하게 자랄 수 있도록 돕는다. 품종의 특성과 재배 목적에 따라 다양한 접근 방식이 필요하다. 나는 부저농원에서 다래 재배를 하면서 여름 전정의 중요성을 이해하고 이를 실용적으로 적용하는 방법을 모색해왔다.

여름 전정의 시기와 주요 작업

여름 전정은 나무가 활발히 자라는 생육기인 4월 중하순부터 늦여름까지 이루어진다. 이 시기는 새순이 발아하고 가지가 왕성하게 자라나는 시기로, 적절한 관리를 통해 나무의 건강을 유지하고 열매의 품질을 높일 수 있다.

전정 시기

4월 중하순에서 여름철까지 이루어지는 여름 전정은 순따기, 적심, 유인, 도장지 제거, 줄기 꼬임 방지 등의 작업으로 구성된다. 각 작업은 나무의 생장 상태와 재배 목적에 따라 선택적으로 시행될 수 있다.

적심(새순 끝 따주기)

적심은 과도하게 길게 자라는 새순의 끝을 제거하여 가지의 생장을 억제하고 나무의 에너지가 과실로 집중되도록 돕는 기술이다. 보통 5월 중순부터 8월까지 수시로 실시한다. 이는 새순이 지나치게 자라 결과모지로 적합하지 않게 되는 것을 방지하는 데 효과적이다.

적심의 목적

- 가지 생장의 과도한 에너지 소모를 줄임.
- 나무의 영양분이 열매로 집중되도록 조정.
- 결과모지의 형성과 품질 향상.

2차 생장지와 불필요한 단가지 제거

당해 발생한 줄기에서 다시 발생하는 2차 생장지나 7월 이후 발생하는 단가지들은 결실 능력이 부족하여 결과모지로 사용할 수 없다. 이 가지들은 불필요한 영양 소모를 방지하기 위해 즉시 제거한다.

제거의 효과

– 나무의 에너지 분산 방지.

– 결과모지에 필요한 영양 집중.

– 나무 전체의 생육 균형 유지.

줄기 유인과 꼬임 방지

다래는 줄기가 연하고 유연한 특성이 있어 쉽게 꼬이거나 잘못된 방향으로 자랄 수 있다. 여름 전정 시 줄기를 지지대에 유인하거나 꼬임을 바로잡는 작업은 나무의 생장을 올바른 방향으로 유도하고, 균형 잡힌 수형을 유지하는 데 도움을 준다.

줄기 관리의 중요성

– 열매의 균등한 분포.

– 수확 편리성 증대.

– 수형의 미적 가치와 관리 용이성 향상.

부저농원의 여름 전정 경험 나는 부저농원에서 토종다래를 재배하며 여름 전정이 품종에 따라 필수적이지 않을 수도 있음을 발견했다. 키위와 달리, 토종다래는 순따기나 적심을 하지 않아도 자연적으로 건강한 결과모지가 형성되었다.

여름 전정을 생략한 이유

- 토종다래는 생리적 특성상 순따기, 적심, 없이도 안정적인 결실을 보였다.
- 노동력을 절감하고 나무의 자연 생장을 관찰하며 생육 패턴을 이해하는 데 주력할 수 있었다.

여름 전정 대신 시행한 작업

기부에 발생하는 도장지 제거와 줄기 유인, 꼬임 방지 작업을 수시로 시행했다. 이 과정은 나무가 건강한 수형을 유지하며 열매가 고르게 분포될 수 있도록 돕는 데 효과적이었다.

여름 전정의 유연한 접근

여름 전정은 나무의 품종, 재배 환경, 농가의 목표에 따라 달라질 수 있다. 나는 부저농원에서 여름 전정의 필요성을 품종별로 세밀히 분석하고, 이를 바탕으로 최적의 재배 방법을 선택했다.

여름 전정이 필수적인 경우

【과도한 생장 억제 필요】 새순이 과도하게 자라 결실에 부정적 영향을 미칠 때.

【결과모지 관리 필요】 결과모지가 불균형하게 형성될 가능성이 있을 때.

【수형 관리】 나무의 외형과 균형이 중요한 상업적 재배 목적.

여름 전정을 생략해도 되는 경우

【자연적인 결과모지 형성】 토종다래처럼 추가적인 전정 없이도 안정적인 결실이 가능한 품종.

【노동력 절감】 적심이나 순따기가 생략 가능할 때 노동력을 다른 관리 작업에 집중.

여름 전정이 주는 교훈

여름 전정은 단순한 가지치기가 아니라 나무의 생리를 이해하고, 이를 기반으로 균형 잡힌 성장을 유도하는 작업이다. 나는 부저농원에서 여름 전정을 생략하거나 간소화하면서도 품질 높은 다래를 생산할 수 있음을 경험했다. 이는 나무의 특성을 존중하며 자연의 흐름에 맞춘 농업이 가능하다는 것을 보여준다.

여름 전정은 선택과 집중의 작업이다. 나는 이러한 과정을 통해 다래 재배가 단순히 노동력이 투입되는 농업이 아니라 세심한 관찰과 깊은 이해를 요구하는 예술임을 깨달았다. 앞으로도 다래 재배의 특성을 연구하며 효율적이고 자연 친화적인 재배 방법을 모색할 것이다.

교육생 하계 전정 실습

4. 겨울 전정
: 다래 재배의 시작을 알리는 핵심 작업

다래 재배에서 겨울 전정은 한 해 농사를 준비하는 첫걸음이다. 겨울 전정은 나무의 생산성을 높이고 다음 해의 건강한 결실을 보장하기 위한 필수 작업으로, 과학적 지식과 경험이 결합된 과정이다. 나는 겨울 전정을 통해 다래나무의 결과모지를 관리하고 나무가 최적의 상태로 자랄 수 있도록 환경을 조성하는 데 주력해왔다.

겨울 전정의 시기와 중요성

겨울 전정은 나무의 휴면기에 이루어진다. 이 시기에는 나무의 생리적 활동이 멈춰 있어 전정으로 인한 스트레스를 최소화할 수 있다.

전정 시기

겨울 전정은 낙엽이 지고 약 2주 뒤부터 시작해 이듬해 1월 말까지 진행하는 것이 적합하다. 전정이 너무 늦어지면 다래나무는 수액 이동이 빨라 절단면에서 수액이 흘러내리는 현상이 발생할 수 있다. 이는 나무의 체력을 손상시키고 병원균 침투의 위험성을 높인다.

겨울 전정의 중요성

겨울 전정은 나무의 결과모지를 선별하고 불필요한 가지를 제거하여 나무가 영양분을 효율적으로 사용할 수 있도록 돕는다. 이를 통해 다음 해의 결실량과 품질을 크게 향상시킬 수 있다.

결과모지 선정 : 결실을 결정짓는 핵심

겨울 전정의 주요 작업 중 하나는 결과모지를 선정하는 것이다. 결과모지는 다래 나무에서 열매가 맺히는 주요 가지로, 이 가지를 적절히 관리하는 것이 매우 중요하다.

결과모지의 기준

【눈의 크기와 세력】 결과모지는 눈이 크고 중간 정도의 세력을 가진 가지를 선택한다.

【기부 지름과 길이】 결과모지의 기부 지름은 1~1.5cm가 적당하며 길이는 150~250cm가 적합하다.

【결과지 발생 위치】 결과모지의 기부에서 5~7마디의 눈 이후부터 결

과지가 발생한다. 따라서 이 조건을 만족하는 가지를 선별해야 한다.

결과모지 활용 방법

결과모지는 옆으로 비스듬히 자라는 발육지나 결과지 중에서 선별한다. 특히 결과모지에 가까운 곳에서 발생하는 긴 가지는 결과모지로 활용하기에 적합하다. 이러한 가지는 다음 해의 결실량을 좌우하는 핵심 요소로 작용한다.

우수한 개체 관리와 삽수 채취

다래 나무는 같은 품종이라도 개체별로 성장과 결실 능력이 다를 수 있다. 나는 이러한 차이를 주의 깊게 관찰하고 우수한 개체를 선별하여 관리하는 데 힘쓰고 있다.

우수 개체의 선별

우수한 개체는 결과모지의 눈 크기, 가지의 세력, 결실량 등을 기준으로 판별할 수 있다. 이러한 개체는 다음 해 삽목이나 접목용으로 활용할 수 있도록 표시해두는 것이 중요하다.

삽수 채취

겨울 전정 시 우수한 개체에서 삽수를 채취한다. 삽수는 휴면기에 채취하여 신문지로 싸고 비닐봉투에 넣어 저온 저장고(0~4도)에

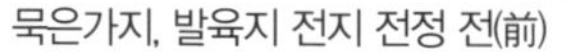
묵은가지, 발육지 전지 전정 전(前)

묵은가지, 발육지 전지 전정 후(後)

보관한다. 이러한 관리 방법은 삽목과 접목의 성공률을 높이고, 우수한 품종을 효율적으로 증식할 수 있도록 돕는다.

부저농원의 겨울 전정 사례

나는 부저농원에서 다년간 겨울 전정을 통해 다래 나무를 관리하며, 다음과 같은 경험적 지식을 쌓았다.

적절한 전정 시기의 중요성

너무 이른 시기에 전정을 시작하면 나무가 충분히 휴면기에 들어가기 전에 가지를 절단하게 되어 상처 회복이 어려울 수 있다. 반대로, 너무 늦은 시기에 전정을 하면 수액이 흘러내려 나무의 체력이 소모될 위험이 있다.

결과모지 관리

결과모지를 선별할 때, 눈 크기와 가지의 세력을 면밀히 관찰한다. 결과모지의 조건을 충족하지 못하는 가지는 과감히 제거하여 나무의 영양분이 과실 생산에 집중되도록 유도한다.

삽수 채취와 관리

우수한 개체에서 채취한 삽수는 저온저장고에 보관하여 다음 해 삽목에 활용한다. 이를 통해 부저농원에서는 품질 높은 다래 품종을 지속적으로 재배하고 있다.

겨울 전정이 주는 교훈

겨울 전정은 다래 재배에서 가장 중요한 작업 중 하나다. 이 과정은 나무의 생산성을 높이고, 건강한 결실을 보장하며, 우수한 품종을 지속적으로 보급하는 데 기여한다. 나는 겨울 전정을 단순한 작업으로 여기지 않고, 나무의 특성을 이해하고 이를 기반으로 세심하게 관리하는 예술로 받아들이고 있다.

겨울 전정을 통해 나는 매년 건강하고 풍성한 다래를 생산하며 농업의 본질이 단순한 노동이 아니라, 자연과학과 경험의 융합임을 다시 한 번 깨닫는다. 다래 재배는 단순한 과일 생산을 넘어 농업의 가능성을 확장하는 여정이며, 나는 이 여정을 계속해 나갈 것이다.

수나무 전지 전정

수나무는 꽃가루받이용이라 최대한 꽃눈이 많은 잔가지를 남겨 전정한다. 수세가 강하여 여름철에 햇볕과 바람이 잘 통하지 않아 깍지벌레가 잘 발생하므로 6월 초순에 수정이 이루어진 뒤 가지를 많이 솎아주고 겨울 전정 때는 적게 솎아준다.

수나무 전지 전정

봄에 수액 채취 시에는 수나무를 이용한다. 또한 다래나무는 10년 이상 되면 겉껍질이 매년 벗겨지는데 부드럽게 잘 벗겨지는 품종이 있고, 질겨서 잘 안 벗겨지는 품종도 있어 품종 구분할 때 도움이 되었다.

기부 상단 발육지

기부 상단 묵은가지 정리

다래나무 습성

다래나무나 키위 품종은 기부우세성(개심자연형 전지) 특성이 있다. 15년생 다래나무에서 결과모지가 형성되지 않고 기부상단에서 발육지들이 3~5m까지 자라나와 전정하면서 작년 가지들을 제거하고 새로운 발육지로 수형을 만들었다. 오래된 가지를 갱신할 때는 이 방법을 쓰면 된다.

참고 용어 정리

【전지】 생장에는 무관한 필요 없는 가지나 생육에 방해가 되는 가지를 제거하는 작업.

【전정】 관상과 개화결실, 생육 상태 조절 등 가지를 치거나 발육을 위해 가지나 줄기를 일부를 잘라내는 작업(수형 조절 등).

【정지】 수형을 영구 보존하기 위해 줄기나 가지의 생장을 조절하여 인위적으로 정리하는 작업 (과수나무 수형 만들기 : 배나무, 사과나무 등).

7장

농업 철학과 미래

농업은 단순히 식량을 생산하는 일을 넘어 자연과 인간이 조화를 이루며 지속 가능한 삶을 만들어가는 과정이다. 지속 가능성을 위해 화학 비료와 농약 사용을 줄이고 유기농과 친환경 농업을 실천해야 한다. 지역사회와의 연대를 통해 농산물 직거래와 로컬푸드 시스템을 활성화하고, SNS를 통해 소비자와 소통하면서 온라인 판매를 통해 좋은 제품으로 신뢰를 쌓아가고 체험행사를 통해 농장을 회원제로 운영하여 충성 고객을 만들고 스마트 농업 기술과 전통적인 지혜를 결합해 농업의 가치를 극대화해야 한다.
기후 변화와 도시화 같은 도전 과제에 대응하기 위해 혁신적인 재배 방법과 경영 전략이 필요하며, 젊은 세대에게 농업의 중요성을 교육해 지속 가능한 미래를 준비해야 한다. 농업은 건강한 식생활, 지역경제 활성화, 생태계 보존 등 사회 전반에 긍정적인 영향을 미치며 그 가치를 재조명해야 할 필수적인 분야다.

1. 농업은 과학이다
: 은퇴 후에도 성공할 수 있다

나는 농업이 단순히 땅을 갈고 작물을 재배하는 전통적인 노동을 넘어 철저한 과학과 데이터에 기반한 현대적 산업임을 깨달았다. 은퇴 후 농업에 뛰어든 나는 처음에는 막막함과 두려움을 느꼈지만 점차 과학적 접근이 농업의 성공에 얼마나 중요한지 깨닫게 되었다. 여기에서는 내가 농업을 배우고 실행하며 얻은 경험과 교훈을 바탕으로 은퇴 후에도 성공적으로 농업을 시작할 수 있는 방법을 공유하고자 한다.

농업은 과학이다

농업의 본질은 자연을 이해하고 이를 기반으로 작물의 생육 과정을 최적화하는 데 있다. 나는 농사를 시작하기 전, 기후 조건, 토양 분석, 물 관리 등 다양한 요소를 철저히 연구했다. 예를 들어 내가 재배하는 토종다래는 토양의 pH가 5.5~6.5 사이에서 가장 잘 자란다. 이를 위해 토양 검사를 통해 필요한 비료를 조정하고, 퇴비와 미생물제를 적절히 사용했다. 이러한 세심한 과학적 접근은 수확량과 품질을 높이는 데 결정적이었다.

다래의 주요 토양환경인자와 특성

인자	적정 범위	특성
지온	20~25℃	토양의 **수분 유지**와 토양 속 **유용미생물 생장**에 중요한 역할을 함.
지습	40~65%	토종다래나무의 뿌리에 수분을 공급함으로써 **장기간 생장**이 가능하게 함.
pH	6.0~6.5	적정범위를 벗어난 pH의 경우 식물체의 생육이 억제되어 토양 분산으로 인하여 물리성에 악영향을 미침.
EC	200μs/cm 이하	수용성 무기성분을 합하여 토양 염류라고 하며, 이를 EC로 나타냄. 적정범위 이상의 EC를 나타내는 경우 높은 염류 농도 때문에 식물 생장이 불리함.
유효규산	157mg/Kg 이상	식물에 흡수, 이용될 수 있는 형태의 토양 규산으로 **튼튼한 줄기 생장**에 효과적임.
유기물 함량	20~30%	토양 유기물이 높을수록 **생산성**이 높아지므로 토양 유기물 함량으로 유지시키는 것이 중요함.
유효인산	300~500mg/Kg	비료의 원료로써 식물체의 **지속적인 생장**에 도움을 줌.
K	0.5cmol$^+$/kg 이상	식물 생장에 도움을 주는 양이온으로써 **질병을 예방**하고 **튼튼한 식물체** 생장에 도움을 줌.
Ca	5.0cmol$^+$/kg 이상	
Mg	1.5cmol$^+$/kg 이상	

데이터 기반의 농업

현대 농업은 데이터를 기반으로 작물의 생육 상태를 실시간으로 모니터링하고 이를 바탕으로 의사결정을 내린다. 나는 IoT(사물인터넷) 센서를 활용해 토양 수분과 온도를 측정하고, 과도한 물 사용을 줄이며, 적정한 관수 시기를 파악했다. 특히 다래 재배 과정에서 데이터는 꽃눈 분화 시기를 예측하고 병충해를 사전에 방지하는 데 큰 도움을 주었다. 예를 들어 다래의 꽃눈은 여름 동안 분화가 이루어지며 이를 관찰해 적시에 비료와 물을 공급하면 결실률을 높일 수 있다.

IoT 센서

은퇴 후 농업의 시작 : 준비와 실행

은퇴 후 농업을 시작하기 위해서는 철저한 준비가 필요하다. 나는 농업 기술 교육 프로그램에 참여해 기초 지식을 쌓았고, 주변의 성공적인 농가를 방문하며 현장의 노하우를 배웠다. 처음에는 작은 규모로 시작해 점차 확장하며 경험을 쌓았다. 예를 들어 첫해에는 토종다래 50주를 심고 토양과 작물의 반응을 관찰했다. 이 과정에서 얻은 데이터를 바탕으로 다음 해 부터는 200주로 확대하며 성공적인 농장의 기반을 마련했다.

실패를 두려워하지 말라

농업은 수많은 변수와 예측할 수 없는 상황으로 가득하다. 첫해에는 병충해 방지에 대한 경험이 부족해 상당한 피해를 입었지만 이를 계기로 병충해 발생 원인을 철저히 분석하고 효과적인 예방 대책을 수립할 수 있었다. 특히 다래 재배에서는 응애와 노린재가 주요 문제로 작용하는데, 응애는 발생 전에 사전 방제를 철저히 시행하고, 노린재는 농장 외곽에 기피제를 달아놓고 포충망을 설치하여 페로몬 유인제를 활용하는 방식으로 친환경적인 방제 전략을 구축했다.

이러한 시행착오를 통해 실패는 단순한 좌절이 아니라 배움의 기회가 되었으며, 이를 바탕으로 더욱 효과적인 농장 운영이 가능해졌다. 경험을 거듭하며 나는 더 나은 농업 경영자로 성장할 수 있었고, 실패를 두려워하기보다 이를 새로운 도약의 발판으로 삼는 것이 중요하다는 사실을 깨닫게 되었다.

지역사회와의 연계

농업은 지역사회와 긴밀히 연결되어야 한다. 나는 로컬푸드, 직거래 시장에 참여하며 소비자와 직접 소통했다. 이를 통해 소비자들이 원하는 품질과 상품성을 이해할 수 있었고 다래 발효액과 식초 같은 가공품을 개발해 부가가치를 창출할 수 있었다. 특히 지역의 농업 협동조합과 협력하며 판매망을 확장하고 생산량을 안정적으로 유지할 수 있었다.

은퇴 후에도 가능한 지속 가능한 농업

은퇴 후 농업은 체력적으로 부담이 크다는 인식이 있지만 반드시 그렇지만은 않다. 특히 토종다래는 초기 덕 시설 설치에 일정한 비용이 들지만 본격적인 재배에 들어서면 관리가 상대적으로 용이한 작물이다. 또한 스마트 농업 기술을 적극적으로 도입하면 노동 강도를 줄이고, 농장의 운영 효율성을 크게 향상시킬 수 있다.

예를 들어 자동 관수 시스템을 활용하면 물주기 작업의 부담을 덜고 일정한 수

분 공급을 유지해 작물의 생육 환경을 최적화할 수 있다. 더불어 재배 과정에서 발생하는 가지나 낙엽 같은 부산물을 퇴비로 활용함으로써 비용 절감과 함께 친환경 농업을 실천하는 효과도 거둘 수 있다. 이러한 시스템적 접근과 기술의 활용 덕분에 은퇴 후에도 지속 가능한 농업이 가능하며 체력적인 부담을 최소화하면서도 안정적인 생산과 경영이 이루어질 수 있음을 경험을 통해 확인할 수 있었다.

농업의 미래와 비전

나는 농업이 단순한 생산을 넘어 건강한 식생활과 환경 보존, 그리고 지역사회의 경제적 발전에 기여할 수 있다고 믿는다. 특히 한국 고유의 토종 작물인 다래를 세계 시장에 소개하며 농업의 새로

운 가능성을 열고자 한다. 다래는 기능성 성분이 풍부해 건강식품으로 주목받고 있으며, 이를 활용한 다양한 가공품 개발은 농업의 부가가치를 높이는 데 중요한 역할을 한다.

농업은 과학이고, 은퇴는 새로운 시작이다

농업은 단순한 노동이 아니라 자연과 과학, 인간의 지혜가 결합된 창조적 과정이다. 은퇴 후에도 농업은 새로운 도전과 성취를 제공할 수 있는 분야다. 나는 농업을 통해 자연을 이해하고 지역사회와 연결되며 지속 가능한 미래를 만들어가는 기쁨을 경험하고 있다. 농업은 나에게 단순한 일이 아니라 삶의 철학이며 열정이다. 이 글을 통해 많은 사람들이 농업의 가치와 가능성을 깨닫고 새로운 도전을 시작할 용기를 얻기를 바란다.

2. 후배 농민을 위한 길
: 농사짓는 것도 공부가 필요하다

나는 농업이라는 세계에 발을 들이면서 깨달았다. 농업은 단순히 땅을 갈고 씨를 뿌리는 작업이 아니라 과학적 이해와 끊임없는 배움이 필요한 분야라는 점이다. 농사를 짓는다는 것은 자연과 함께 호흡하며 끊임없이 배우고 적응하는 과정이다. 여기에서는 후배 농민들에게 실질적으로 도움이 될 수 있는 교훈과 사례를 중심으로, 농사를 공부로써 접근해야 하는 이유와 방법을 공유하고자 한다.

농사는 과학이라는 명확한 사실

농업은 단순히 자연에 의존하는 것이 아니라 과학적 이해와 기술적 접근이 필요하다. 나는 다래 농사를 시작하면서 토양 분석의 중요성을 알게 되었다. 처음에는 단순히 비옥한 땅이면 충분하다고 생각했지만 토양의 pH와 양분 상태를 분석한 뒤 필요한 비료를 정확히 공급하면서 수확량이 크게 향상되었다. 다래는 pH 5.5~6.5 사이의 약산성 토양에서 최적의 성장을 보이는데 이를 위해 퇴비와 석회, 미생물제를 적절히 조합했다.

또한 병충해 방지를 위해 생물학적 데이터를 기반으로 한 관리가 중요하다. 예를 들어 다래에 흔히 발생하는 노린재는 조기에 포충망을 설치하고 기피제를 농장 외곽에 설치하여 큰 피해를 막을 수 있었다. 이런 사례는 농사가 과학이라는 사실을 명확히 보여준다.

학습은 성공적인 농업의 기본

농업은 매년 새로운 도전과 변화를 마주한다. 기후 변화, 병충해 확산, 시장 수요 변화 등 다양한 변수에 대응하려면 지속적인 학습이 필요하다. 나는 농업 기술 교육 프로그램에 참여해 토종다래 재배법을 배우고 지역 농업기술센터에서 제공하는 정보를 적극적으로 활용했다.

농업 교육은 단순한 이론에 그치지 않는다. 현장에서 얻은 경험과 교육 내용을 결합하면 더 효과적인 결과를 얻을 수 있다. 예를 들어 다래의 꽃눈 분화 시기를 이해한 덕분에 적기에 비료를 공급하고 수확 시기를 정확히 판단할 수 있었다. 후배 농민들에게도 이러한 배움의 중요성을 강조하고 싶다.

실험과 관찰이 농사의 핵심

농업은 실패를 통해 배우는 실험의 연속이다. 나는 부저농원에서 토종다래를 재배하며 다양한 실험을 진행했다. 초기에는 비료 사용량을 감으로 정했지만 매년 데이터를 기록하고 분석하면서 적정 사용량과 시기를 찾아냈다. 이를 통해 과도한 비료 사용을 줄이고 나무의 생육 상태를 개선할 수 있었다.

또한 삽목 성공률을 높이기 위해 발근제 사용과 삽수 관리 방법을 다양하게 실험했다. 삽수를 수확 후 바로 삽목한 경우와 냉장 보관 후 삽목한 경우를 비교한 결과, 냉장 보관 후 발근률이 20% 이상 향상되었다. 이런 실험과 관찰은 농업의 성공을 위한 필수 과정이다.

실패를 두려워하지 말라

농업에서는 실패가 필연적이다. 나는 첫해에 병충해로 많은 열매를 잃었지만 이를 통해 방제의 중요성을 배웠다. 특히 다래나무의 경우 노린재와 같은 해충에 민감하다. 포충망과 페로몬 유인제를 병행한 방제 방법을 실험하며 병충해 피해를 최소화하는 데 성공했다.

실패는 새로운 방법을 찾는 계기가 된다. 농업은 완벽한 정답이 없는 분야이기에 다양한 시도를 통해 자신만의 방법을 찾아가는 과정이 중요하다. 후배 농민들에게도 실패를 두려워하지 말고 이를 배움의 기회로 삼기를 권한다.

지역사회와의 협력

농업은 혼자서 할 수 없는 일이다. 지역사회와 협력하며 함께 성장하는 것이 중요하다. 나는 부저농원에서 지역농업협동조합과 협력하며 공동 구매와 유통망을 활용했다. 이를 통해 비용을 절감하고 안정적인 판로를 확보할 수 있었다.

또한 지역 농민들과의 정보 공유도 중요한 자산이다. 예를 들어 특정 해충의 발생 시기나 방제 방법을 공유하며 전체적인 농업 환경을 개선할 수 있었다. 후배 농민들에게는 지역사회와의 연대를 통해 더 큰 성장을 이룰 수 있음을 강조하고 싶다.

스마트 농업 기술의 활용

현대 농업은 기술 없이는 효율성을 높이기 어렵다. 나는 자동 관수 시스템과 IoT 센서를 활용해 농장의 물 관리와 생육 상태를 실시간으로 모니터링했다. 이러한 기술은 노동력을 줄이고 농작물의 생육 상태를 최적화하는 데 큰 도움을 주었다.

예를 들어 다래 재배 시 토양의 수분 상태를 정확히 파악해 과도한 물 사용을 방지하고 필요할 때만 관수를 진행할 수 있었다. 스마트 농업 기술은 단순히 작업을 편리하게 만드는 것을 넘어 생산성과 품질을 높이는 열쇠다.

지속 가능한 농업을 향해

농업은 자연과의 공존이 핵심이다. 나는 친환경 농법을 실천하며 지속 가능한 농업을 추구하고 있다. 퇴비와 미생물제를 활용해 화학 비료 사용을 최소화하고, 병충해 방제에서도 생물학적 방법을 우선적으로 고려했다. 이러한 노력은 토양 건강을 유지하고 장기적으로 농작물의 품질을 높이는 데 기여했다.

공부하는 농민이 성공한다

농업은 끊임없이 배우고 실험하며 실패를 통해 성장하는 분야다. 나는 농사를 단순한 노동이 아니라 과학적 사고와 끊임없는 학습이 필요한 창조적 과정으로 보고 있다. 후배 농민들에게도 농업을 공부로 접근하며 자연과 과학을 이해하는 태도로 임할 것을 권하고 싶다. 농업은 단순히 생계를 위한 일이 아니라 지속 가능한 미래를 만들어가는 중요한 분야다. 그리고 공부하는 농민이야말로 이 미래를 만들어갈 주인공이 될 것이다.

데이터 농업(Data Agriculture)이 성공의 비결이다

농업의 성공을 위해서는 감(感)에 의존하는 것 보다는 체계적인 데이터 축적과 분석이 필수적이다. 매일 작업 일지를 기록하는 습관을 들이면 연간, 월간, 주별로 농장의 변화를 객관적으로 파악할 수 있다. 특히 날씨, 온도, 강우량, 시비(施肥) 시기 및 적정량, 병충해 발생 시점, 수확 시기 등의 데이터를 체계적으로 정리하면 해마다 반복되는 시행착오를 줄이고 보다 정밀한 농사 계획을 수립할 수 있다.

데이터 농업을 실천하면, 단순한 경험이 아니라 객관적인 수치와 패턴을 기반으로 의사결정을 내릴 수 있어 생산성과 품질을 향상시킬 수 있다. 예를 들어 특정 시기의 기온과 습도 변화가 병해 발생과 어떤 연관이 있는지를 분석하면 예방 조치를 보다 효과적으로 시행할 수 있다. 또한 다래의 수확 시기와 당도 변화를 비교하면 최적의 수확 시점을 예측할 수 있으며, 적절한 시비량을 기록해두면 과잉 시비로 인한 자원 낭비와 환경 부담을 줄일 수 있다.

데이터는 쌓이면 자산이 된다. 처음에는 단순한 기록에 불과하지만, 몇 년간 축적된 자료는 나만의 농업 매뉴얼이 되고, 이를 바탕으로 더욱 정밀한 경영 전략을 세울 수 있다. 따라서 '데이터를 생활화하는 것'이야말로 성공적인 농업 경영의 필수 요소라고 할 수 있다.

고객 관리(CRM)도 성공의 핵심 요소이다

농업은 단순히 생산만 하는 산업이 아니다. 생산자와 소비자가 직접 연결되는 구조이기 때문에 고객과의 관계를 어떻게 유지하고 관리하느냐가 농장의 지속적인 성공을 좌우한다.

CRM(Customer Relationship Management)은 단순한 고객 관리가 아니라 고객을 단골로 만들고, 장기적으로 관계를 유지하는 경영 방식이다. 이는 단순한 제품 판매를 넘어 고객이 신뢰할 수 있는 농장을 운영하는 데 필수적인 요소다. 특히 온라인 마케팅이 발달한 오늘날, 효율적인 고객 관리를 통해 소비자와의 신뢰 관계를 구축하면 안정적인 판로 확보가 가능하다. 고객 관리를 효과적으로 운영하려면 다음과 같은 전략이 필요하다.

고객 데이터를 체계적으로 관리한다

- 고객의 구매 이력, 선호 품종, 피드백 등을 기록하여 맞춤형 서비스를 제공한다.
- 특정 고객층이 선호하는 품종과 출하 시기를 분석하면 수요를 예측하고 재배 계획을 조정 할 수 있다.

온라인 마케팅을 적극 활용한다

- SNS, 블로그, 유튜브 등을 통해 농장의 일상과 농산물의 생산 과정을 공유하면 소비자와 의 신뢰가 높아진다.
- 이메일이나 문자 메시지를 통해 고객에게 재구매 할인, 신상품 소개 등을 제공하면 장기 고객을 확보할 수 있다.

소비자와의 직접적인 소통을 강화한다

- 정기적으로 고객들과 소통하며 피드백을 반영하면 소비자의

만족도를 높일 수 있다.

- 농장에서 직접 수확 체험 이벤트를 진행하거나 고객과의 만남을 통해 신뢰를 구축할 수 도 있다.

고객 충성도를 높이는 전략을 활용한다

- 단골 고객에게 소량의 추가 상품을 제공하거나 특별 할인 혜택을 주면 고객의 충성도가 높아진다.
- 품질이 우수한 농산물뿐만 아니라 좋은 고객 경험을 제공하면 자연스럽게 재구매율이 상승한다.

농업은 단순히 생산에서 끝나는 것이 아니라 생산과 유통, 고객 관리가 유기적으로 연결된 산업이다. 따라서 효과적인 CRM 전략을 통해 소비자와의 관계를 지속적으로 유지하고 신뢰를 쌓아가는 것이 농장의 장기적인 성공을 위한 필수적인 과정이다.

산림조합중앙회 직원 방문

3. 농업도 경영이다
: 농장 운영의 비밀

농업은 단순히 땅을 일구고 작물을 재배하는 일을 넘어선다. 농업은 하나의 경영 행위이며, 효율적이고 체계적인 운영 없이는 안정적인 수익을 기대하기 어렵다. 나는 농업을 시작하면서 단순히 좋은 작물을 재배하는 것만으로는 성공할 수 없음을 깨달았다. 농업이 경영이라는 사실을 인식하고 이를 실천하는 데 필요한 전략과 비결을 이야기하고자 한다.

농장의 비전과 목표 설정

농업 경영의 첫걸음은 비전과 목표를 명확히 설정하는 것이다. 부저농원을 운영하면서 처음에는 단순히 품질 좋은 다래를 재배하는 것이 목표였지만 점차 시장의 요구를 파악하고 농장의 장기적인 방향을 설정하게 되었다. 나는 고품질의 토종다래를 생산해 국내 시장뿐 아니라 해외 시장에도 진출하는 것을 목표로 삼았다.

목표를 설정하면 실행 전략이 뒤따라야 한다. 예를 들어 부저농원은 토종다래의 품종 개발과 가공 제품 생산에 주력하며, 다래 식초와 발효액 같은 부가가치 상품을 개발해 농업의 수익성을 극대화했다. 이러한 목표 설정은 농장의 모든 운영 과정에서 중심축이 되었고 매년 이를 점검하며 전략을 보완했다.

비용 관리와 효율성

농업은 비용 관리가 중요한 산업이다. 농작물의 생산 비용을 낮추고 효율성을 높이는 것이 수익성을 결정한다. 나는 초기에는 비료와 농약을 과도하게 사용하며 불필요한 지출을 한 적이 있다. 하지만 토양 분석과 병충해 예찰 기술을 도입하면서 필요한 만큼만 자원을 투입해 비용을 절감할 수 있었다.

부저농원에서는 스마트 농업 기술을 적극 활용했다. IoT 센서를 통해 토양 수분 상태와 작물 생육 상태를 실시간으로 모니터링하고 자동 관수 시스템으로 물 사용량을 최소화했다. 이를 통해 비용 절감뿐만 아니라 환경적 지속 가능성도 함께 달성할 수 있었다.

노동력 관리

농업 경영에서 가장 큰 도전 중 하나는 노동력 관리다. 농촌 지역은 노동 인구가 부족하기 때문에 효율적인 작업 배분과 적절한 타이밍에 인력을 확보하는 것이 중요하다. 부저농원에서는 수확철에 필요한 인력을 미리 계획하고 작업의 기계화를 통해 노동력을 절약했다. 특히 다래 수확 시에는 열매가 상하지 않도록 세심한 작업이 필요하다. 나는 숙련된 인력을 확보하고 작업 전 교육을 실시하며 작업의 정확성과 효율성을 높였다. 또한 가위와 같은 전정 도구의 품질을 높이고, 소독과 관리 방법을 개선해 작업자의 생산성을 향상시켰다.

데이터 기반의 의사 결정

농업 경영에서 데이터는 중요한 역할을 한다. 나는 매년 작물의 생육 상태, 병충해 발생률, 수확량, 시장 가격 등을 기록하고 분석했다. 이를 통해 매년 개선점을 파악하고 다음 해의 농업 계획을 세웠다. 예를 들어 다래의 수확 시기를 결정하기 위해 당도와 산미를 정밀하게 측정하고 매년 축적된 데이터를 기반으로 적정 수확 시기를 판단했다. 이러한 데이터 기반 의사 결정은 농업 경영의 안정성을 높이고 불확실성을 줄이는 데 큰 도움을 주었다.

제품 다양화와 부가가치 창출

농업 경영에서 중요한 또 다른 요소는 제품의 다양화와 부가가치 창출이다. 나는 단순히 생과일로 다래를 판매하는 것을 넘어 다래 발효액, 식초, 그리고 다래 술 같은 가공 제품을 개발했다. 이는 농업 수익성을 극대화하는 데 중요한 역할을 했다.

제품의 다양화는 소비자들의 다양한 요구를 충족시키는 동시에 시장의 변화에 유연하게 대응할 수 있는 기반을 마련한다. 부저농원에서 생산한 다래 발효액은 건강 음료로 큰 인기를 끌었고, 다래 식초는 프리미엄 조미료 시장에서 자리를 잡았다. 이러한 부가가치 상품은 농업을 단순한 일차산업에서 벗어나 고부가가치 산업으로 전환시키는 열쇠다.

마케팅과 판로 확보

농업 경영은 생산만큼이나 판로 확보와 마케팅이 중요하다. 나는 처음에는 지역 시장을 중심으로 판매를 시작했지만 점차 온라인 플랫폼을 활용하며 전국으로 판로를 확대했다. 특히 다래의 효능과 가치를 소비자들에게 전달하기 위해 스토리텔링 마케팅을 활용했다.

부저농원에서는 소비자 체험 프로그램을 운영하며 소비자들에게 직접 다래 재배 과정을 소개하고 수확 체험 기회를 제공했다. 이러한 프로그램은 단순히 제품을 판매하는 것을 넘어 소비자와의 신뢰를 구축하고 브랜드 가치를 높이는 데 기여했다.

지속 가능성과 사회적 책임

농업 경영은 단순히 수익을 창출하는 것을 넘어 지속 가능성과 사회적 책임을 함께 고려해야 한다. 부저농원에서는 친환경 농법을 실천하며 화학 비료와 농약 사용을 최소화하고 유기농 재배 방식을 도입했다. 이는 토양 건강을 유지하고 장기적으로 농작물의 품질을 높이는 데 기여했다.

또한 지역 사회와 협력하며 지역 농업 발전에 기여했다. 지역 농업인들과 정보를 공유하고 공동 구매와 유통망을 활용해 비용을 절감하고 수익성을 높였다. 이러한 협력은 농업 경영의 지속 가능성을 높이는 중요한 요소다.

농업 경영은 도전과 성장의 연속이다

농업은 단순한 노동이 아니라 과학적 사고와 경영적 마인드를 필요로 하는 분야다. 나는 부저농원을 운영하며 배운 교훈들을 통해 농업 경영의 중요성을 깊이 깨달았다. 농업은 끊임없는 도전과 성장이 필요한 분야이며 이를 통해 농업이 한국 경제와 사회에 기여할 수 있는 가능성을 더욱 확장할 수 있다.

후배 농민들에게도 농업을 경영의 관점에서 바라보기를 권하고 싶다. 철저한 계획과 데이터 분석, 그리고 지속 가능한 방식을 통해 농업은 안정적인 수익을 창출할 뿐만 아니라 사회적 가치를 창출할 수 있는 강력한 산업이 될 것이다. 농업 경영의 핵심은 단순히 돈을 버는 것이 아니라 자연과 인간, 그리고 사회가 함께 성장할 수 있는 길을 찾는 데 있다.

부저농원의 경험

부저농원의 초기 운영 과정에서 가장 중요하게 여긴 것은 소비자와의 신뢰 구축이었다. 이를 위해 시에서 운영하는 직거래 장터와 코엑스 행사 등에 적극적으로 참여하며 제품을 홍보하고, 소비자들과 직접 소통하는 기회를 가졌다.

SNS를 활용한 온라인 마케팅을 통해 소비자와의 소통을 강화하고, 다래 발효액과 식초의 차별점을 강조했다. 특히 발효액은 3년 숙성, 식초는 5년 숙성된 제품만 판매하는 원칙을 세워 품질을 최우선으로 하는 철학을 소비자들에게 각인시켰다. 이러한 장기 숙성 원칙은 단순한 마케팅 전략이 아니라, 제품의 완성도를 높이고 소비자들에게 신뢰를 제공하는 중요한 요소가 되었다.

회원제 운영도 농장의 핵심 운영 방식 중 하나였다. 회원들에게 매달 농장 소식을 전하며, 정기적인 혜택을 제공함으로써 소비자들의 충성도를 높였다. 또한 농장을 단순한 생산지가 아닌 가족 단위로 방문할 수 있는 체험형 공간으로 조성하여, 방문객들이 농업과 자연을 직접 체험할 수 있도록 했다.

이를 위해 농장 내에 약초 목욕 체험장을 운영하여 방문객들에게 색다른 경험을 제공했고, 토종 야생화를 심어 꽃이 피는 계절마다 시각적으로도 즐거움을 느낄 수 있도록했다. 이처럼 부저농원은 농업을 단순한 생산 활동에 그치지 않고, 소비자와의 지속적인 관계 형성을 위한 공간으로 확장해 나가면서 신뢰를 쌓아갔다.

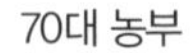
70대 농부

토종식물, 농장

후배 농업인에게 전하는 지혜

농업은 단순히 땅을 일구고 작물을 재배하는 일이 아니다. 그것은 자연과 함께하는 삶의 방식이자 과학과 예술이 어우러진 창조적 작업이다. 귀농, 귀산, 귀촌을 결심한 사람들에게 농업은 새로운 가능성을 열어주는 기회이자 도전과 성장의 무대가 될 수 있다. 그러나 이 길은 결코 쉽지 않으며, 철저한 준비와 지속적인 학습이 필수적이다. 나는 부저농원을 운영하며 얻은 교훈과 지혜를 바탕으로 후배 농업인들에게 몇 가지 당부의 말을 전하고자 한다.

농업의 본질을 이해하라

농업에 발을 들이는 첫 단계는 농업의 본질을 이해하는 것이다. 농업은 자연과의 상호작용에서 출발한다. 흙의 상태, 날씨의 변화, 병충해의 발생 등 모든 요소가 작물의 생육에 영향을 미친다. 이를 이해하고 관리하는 것이 농업인의 기본 소양이다.

예를 들어 부저농원에서 다래를 재배하면서 나는 품종 선택과 토양 관리가 수확량과 품질에 얼마나 중요한지 깨달았다. 처음에는 화학 비료에 의존했지만 점차 유기농법으로 전환하며 토양 건강이 작물의 지속 가능성을 좌우한다는 것을 배웠다. 토양 분석과 작물 순환재배를 통해 흙의 상태를 개선한 결과, 다래의 품질과 생산성이 동시에 향상되었다. 농업의 본질을 이해하는 일은 농업을 단순한 노동이 아닌 과학적이고 창의적인 작업으로 만드는 첫걸음이다.

철저히 계획하고 준비하라

귀농·귀산·귀촌을 결심한 많은 사람들이 열정만으로 시작했다가 중도에 포기하는 경우를 많이 보았다. 농업은 단순한 이상만으로는 성공할 수 없는 분야다. 철저한 계획과 준비가 뒷받침되어야 한다.

농업 경영을 시작하기 전 나는 시장 조사부터 토양 분석, 품종 선택, 농업 지원 정책 활용까지 철저히 준비했다. 다래 재배를 시작하기 전에는 국립산림과학원에서 제공하는 품종 데이터를 참고해 가장 적합한 품종을 선택했다. 또한 지역 농업인들과 교류하며 실패 사례와 성공 사례를 듣고 이를 반영했다. 철저한 준비는 시행착오를 줄이고 농업 경영의 성공 가능성을 높이는 필수 요소다.

젊은 귀농 · 귀산인이라면

젊은 나이에 귀농이나 귀산을 결심했다면 지역 농업인들과 자연스럽게 어울리며 정보를 공유하고 협업하는 문화에 익숙해질 필요가 있다. 단순히 개인 농장을 운영하는 것을 넘어 이웃 농가와 품앗이를 통해 노동력을 나누고 지역 공동체의 일원이 되는 것이 중요하다. 특히 풀베기와 기계톱 사용 같은 기본적인 농작업 기술을 익히는 것이 필수적이다. 농촌에서는 예상치 못한 상황이 발생할 수 있으며, 이를 해결하는 능력이 곧 생산성과 직결된다.

경제적인 준비도 반드시 필요하다. 장기적인 농업 수익이 발생하기까지는 시간이 걸리므로 단기 작물과 장기 작물을 병행 재배하는 전략이 필수적이다. 최소한 5년치의 생활비를 준비 후 귀농하는 것이 안정적인 정착을 위한 기본 조건이다. 농업이 자리 잡기 전에 경제적 부담이 커지면 농촌 생활이 오히려 큰 고통이 될 수 있다.

중장년층의 귀농·귀산 준비

나와 같이 나이 들어 귀농·귀산을 계획하고 있다면, 성급한 결정보다는 최소 5년 전부터 철저한 사전 준비가 필요하다.

특히 자영업이나 직장에 종사하고 있는 경우, 한쪽에서 꾸준한 소득을 유지하며 준비하는 것이 가장 현명한 방법이다. 부부가 함께 귀농을 계획할 경우, 한 사람이 농업을 준비하는 동안 다른 한 사람은 기존 직업을 유지하며 안정적인 수입을 확보해야 한다. 농사는 시작 후 일정한 수익을 내기까지 시간이 걸리기 때문에 생활비를 감당할 재정적 기반이 없다면 장기적인 정착이 어렵다.

많은 사람들이 귀농 후 바로 수익을 기대하지만 농업은 단기간에

성과를 내기 어려운 산업이다. 따라서 기존 직장과 농사를 병행하는 '점진적 전환'이 성공 확률을 높이는 핵심 전략이다.

귀촌을 계획하는 경우

귀촌을 고려하는 경우에는 넓은 땅을 무리하게 구입하지 않는 것이 중요하다. 특히 산지를 소유하고 있는 사람들 중에는 몇 십만 평의 땅을 자랑하는 경우도 있지만 실제로는 불필요한 투자로 인해 자금 부담과 관리의 어려움만 가중되는 경우가 많다.

귀촌을 위한 적정 토지 규모는 500평 전후로, 관리가 용이한 수준에서 시작하는 것이 바람직하다. 만약 산지가 포함된 경우 전부 활용할 필요 없이 일부만 활용하고 나머지는 장기수목을 심어 장기적으로 관리하는 것이 효율적이다.

과수 재배를 계획한다면 여러 품종을 심되 특히 만생종을 중심으로 구성하는 것이 좋다. 만생종 과일은 품질이 우수할 뿐만 아니라 보관 기간이 길어 소비와 유통에 유리하다. 다양한 과수 품종을 재배하면 지인이나 친척들과 나누어 먹는 즐거움도 크며 과수 농업의 지속성을 높일 수 있다.

철저한 준비와 현실적인 계획이 필요하다

귀농·귀산·귀촌은 단순한 로망이 아니라 철저한 현실 분석과 계획이 필요한 선택이다. 젊은 귀농인은 지역사회와 협업하며 경제적 기반을 마련하는 것이 중요하고, 중장년층은 점진적인 전환과 재정적 안정을 최우선으로 고려해야 한다. 귀촌을 희망하는 이들은 과도한 토지 투자보다는 현실적인 규모에서 시작하는 것이 바람직하다.

성공적인 정착을 위해서는 농업 기술 습득, 재정 관리, 장기적인 생존 전략이 필수적이다. 무작정 뛰어들기보다는 충분한 준비와 점진적인 적응 과정을 거쳐야 후회 없는 새로운 삶을 시작할 수 있다.

부저농원의 경험 : 현실적인 귀농과 경영 전략

나처럼 농사를 통해 의식주를 해결해야 하는 귀농·귀산인에게는 5,000~10,000평 규모의 땅이 적절하다고 판단했다. 이는 전국의 유명한 농장들을 직접 견학하며 얻은 결론이다. 농업 경영에서 외부 노동력에 의존하게 되면 인건비 부담이 커지고, 운영이 지속적으로 어려워질 수 있다. 따라서, 가능한 한 노동력을 효율적으로 활용할 수 있는 규모로 농장을 운영하는 것이 중요하다.

현재 8,000평의 산지에서 토종다래 200주, 홍매실 200주, 돌배 120주, 고사리, 약용식물 100주, 야생화 350주를 재배하고 있다. 봄부터 가을까지 농번기에 맞춰 노동력을 분산 배치하여 관리하고 있으며, 단순한 과수 농업에서 벗어나 약용식물과 야생화를 심어 농장의 차별화를 꾀했다.

이러한 차별화 전략은 농장의 방문객을 늘리는 데 효과적이었다. 약용식물을 심으면서 건강에 관심 있는 소비자들이 농장을 찾기 시작했고, 야생화 재배를 통해 계절에 따라 농장의 분위기가 자연스럽게 변화했다. 이에 따라, 야생화를 감상하거나 촬영하기 위해 방문하는 사람들도 점점 증가했으며, 이러한 방문객들은 자연스럽게 농장의 홍보 효과를 극대화하는 역할을 했다.

특히 약초 목욕 체험관을 운영하면서 가족 단위 방문객이 크게 늘어났으며, 수도권에서도 체험을 위해 찾아오는 고객층이 형성되었다. 이러한 체험형 농업 모델은 단순한 농산물 판매를 넘어, 방문객이 직접 참여할 수 있는 농촌 체험 공간으로 발전하는 기반이 되었다.

결국, 귀농·귀산을 계획하는 이들에게 중요한 것은 단순한 농사 기술이 아니라, 어떤 작물을 선택하고, 어떤 방식으로 차별화를 이루며, 어떻게 지속 가능한 운영 모델을 구축할 것인가에 대한 고민이 필요하다는 점이다. 부저농원은 차별화된 경영 전략을 통해 지속 가능한 농업을 실현하고 있으며, 농촌에서의 삶이 경제적으로도 안정될 수 있음을 보여주는 사례가 되고 있다.

공부와 학습은 필수다

농업은 단순히 경험만으로 해결되지 않는다. 현대 농업은 과학과 기술의 발전과 함께 진화하고 있다. 새로운 재배 기술, 스마트 농업 장비, 병충해 방제법 등 학습할 것이 끝없이 많다. 귀농 후에도 꾸준히 배우는 자세가 필요하다.

부저농원에서는 농촌진흥청에서 주최하는 다양한 교육 프로그램에 참여하며 최신 기술과 정보를 습득했다. 또한 농업 관련 서적과 논문을 읽으며 재배 기술과 병해충 관리에 대한 지식을 쌓았다. 스마트 농업 기술을 도입해 IoT 센서를 활용한 관수 관리와 병충해 예찰 시스템을 구축함으로써 생산성을 크게 향상시킬 수 있었다. 공부와 학습은 농업인의 경쟁력을 높이는 가장 확실한 방법이다.

실패를 두려워하지 말고 경험을 쌓아라

농업은 자연과 함께하는 일이기에 항상 예측 가능한 결과를 얻을 수 없다. 예기치 못한 기후 변화, 병해충, 시장 가격 하락 등 수많은 변수가 존재한다. 실패는 피할 수 없는 과정이며, 이를 통해 배우고 성장해야 한다.

나는 부저농원에서 첫해에 병충해 방제 실패로 수확량의 절반을 잃었다. 하지만 이 경험을 통해 병충해 예찰(豫察)의 중요성과 적기 방제의 필요성을 배울 수 있었다. 이후 매년 병충해 발생 데이터를 기록하고 예방적 방제 전략을 세워 비슷한 실패를 방지할 수 있었다. 실패는 경험과 지혜를 축적하는 과정이며 이를 두려워하지 않고 받아들여야 한다.

농업도 경영이다

농업은 생산뿐만 아니라 판매와 마케팅까지 포함한 종합적인 경영 활동이다. 생산된 작물을 어떻게 팔 것인지, 어떤 부가가치 상품을 개발할 것인지 등을 고민해야 한다. 소비자와의 신뢰를 구축하고 농장의 브랜드 가치를 높이는 것도 중요한 과제다.

나는 부저농원에서 다래 발효액과 식초 같은 가공품을 개발하며 부가가치를 창출했다. 이를 위해 농업 지원 정책을 활용해 가공 시설을 구축하고 지역 특산물 박람회와 온라인 마켓을 통해 판로를 확대했다. 또한 소비자 체험 프로그램을 운영해 농장의 이야기를 전달하며 브랜드 신뢰도를 높였다. 농업도 경영이라는 관점에서 접근해야 성공할 수 있다.

지역 사회와 협력하라

농업은 결코 혼자서 할 수 있는 일이 아니다. 지역 농업인들과 협력하고 농업 공동체에 적극적으로 참여하는 것이 중요하다. 지역 농업인들과의 정보 공유와 공동 구매, 유통 협력은 비용을 절감하고 수익성을 높이는 데 큰 도움이 된다.

부저농원에서는 지역 농업인들과 함께 공동 구매를 통해 비료와 농약 비용을 절감하고 공동 유통망을 통해 안정적인 판로를 확보했다. 또한 지역 농업인들과 정기적으로 모임을 가지며 최신 정보와 경험을 공유했다. 협력은 농업의 지속 가능성을 높이는 핵심이다.

지속 가능성을 고려하라

농업은 자연과의 공존을 기반으로 한다. 지속 가능한 농법을 실천하지 않으면 장기적인 성공을 기대하기 어렵다. 화학 비료와 농약 사용을 최소화하고 유기농법과 자연 순환 농법을 도입하는 것이 필요하다.

나는 부저농원에서 유기농법을 실천하며 토양 건강과 생태계를 유지하는 데 주력했다. 퇴비를 활용한 비료 공급과 천적을 이용한 병충해 방제는 환경 보호와 농작물 품질 향상에 큰 기여를 했다. 지속 가능한 농업은 단순히 현재의 수익을 넘어서 후손들에게 건강한 자연을 물려주는 책임이기도 하다.

마무리하는 말 : 농업은 삶이다

농업은 단순히 돈을 벌기 위한 일이 아니다. 그것은 자연과 사람, 그리고 지역 사회와 함께하는 삶의 방식이다. 귀농·귀산·귀촌을 결심한 이들에게 농업은 새로운 삶의 가능성을 열어주는 기회가 될 것이다. 하지만 그 길은 열정만으로는 충분하지 않다. 철저한 준비와 끊임없는 학습, 그리고 실패를 두려워하지 않는 용기가 필요하다.

나는 부저농원에서 이러한 철학을 기반으로 농업을 경영하며 자연과의 조화 속에서 새로운 가능성을 발견했다. 후배 농업인들이 이 길을 걸으며 더 많은 도전과 성취를 경험하길 바란다. 농업은 단순한 직업이 아니라 인생의 길을 찾는 과정이며, 자연과 사람의 연결고리를 만들어가는 귀중한 여정이다.

부저농원 대표 야생화 꽃 4종

엉겅퀴

삼지구엽초

얼레지

금붓꽃

토종다래, 재배에서 발효까지
– 이평재 명인에게 배운다

편저자 | 이평재
펴낸이 | 황인원
펴낸곳 | 도서출판 창해

신고번호 | 제2019–000317호

초판 1쇄 인쇄 | 2025년 03월 24일
초판 1쇄 발행 | 2025년 03월 31일

우편번호 | 04037
주소 | 서울특별시 마포구 양화로 59, 601호(서교동)
전화 | (02)322–3333(代)
팩스 | (02)333–5678
E-mail | dachawon@daum.net

ISBN 979–11–7174–034–5 (13520)

값 · 25,000원

Publishing Club Dachawon(多次元)
창해·다차원북스·나마스테